U0138402

冷熱吃都美味！

元氣滿滿肉便當

36款營養飯盒×50道不復熱配菜

抽屜積水 *DiDi* · 著

目錄

Chapter 1
一口接一口的
滿足
大肉塊便當

Chapter 2
省時又省力的
═ 簡易 ═
肉片便當

Chapter 3
變化口感的
═ 燉煮& ═
絞肉類便當

Chapter 4
滴家祕傳的
═ 創意 ═
經典便當

Chapter 5
不復熱也美味的
⟫⟫ 家常 ⟫⟫
配菜

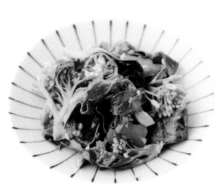

作者序

我有一個廚藝很好的媽媽。小時候家裡住得偏僻,對於小吃的體驗都來自於偶爾的全家出遊。遊樂場的炸熱狗、路邊攤的海鮮麵、夾著小黃瓜片的火腿麵包、餐館裡的招牌料理……,那些每每出遊回家後,總是回味不已的美食,都會透過媽媽的手重現。那時候的我只覺得,在家裡也能吃到想吃的小吃真是太幸福了,成為童年記憶中印象最深刻的事。

上了高中,第一次體驗到學校中央廚房的菜色。常常在回家後跟媽媽分享今天吃到什麼沒吃過的料理,希望媽媽也能試試看。現在回想起,卻覺得料理似乎是當時進入青春期後,比較能跟爸媽輕鬆聊起的話題。

等到自己成為媽媽,看到三兄弟堵在小小廚房門口,不管我正在做什麼都想試吃一下的樣子,就成為我踏進廚房的動力。有時只是試吃打好的奶油、攪拌中的麵糊,他們都是一臉幸福的模樣。我想他們長大後也會在某個時刻想起,然後感嘆當時的美好吧!

帶便當上學,也是我小時候夢想的事。但因為小學就在家隔壁,是那種近到能從圍牆呼喚媽媽的距離,所以沒有實現過帶便當上學的願望,就成了我心中的待辦清單。大哥上小學時,我懷著圓夢的心態,做了第一個便當。到現在還記得當時的菜色,非常家常且符合小學生的喜好。其中的滷肉,更是拿著筆記本詢問媽媽料理步驟得來的寶典。

從一個便當到三個便當,偶爾也幫Mars先生準備一個。轉眼間,便當生活不知不覺變成每天生活中最重要的一件事。不知道從什麼時候開始,每天睡前就會有人這麼問。

「明天的便當吃什麼?」
「吃炸肉排喔!」得到的是歡呼聲。
「吃青椒炒肉絲喔!」馬上後退三步。

「明天的便當吃什麼呢?」不只三兄弟很想知道,有時候他們的同學也想知道。因為每天的午餐時間可以互相交流、交換菜色,是每天上學的一大樂事。

一開始在IG上分享便當文,只是為了記錄自己的料理步驟。因為對我來說,同一道料理也可能每次的作法都不相同,而且我也會忘記到底上一次做了什麼更動。我的料理既不正統也不講究,喜歡縮短各種費事的前置作業,捨去可能只用一、兩次便被遺忘的調味料。雖然很熱衷於嘗試各種調味料,但其實我的廚房,只要有醬油、鹽、黑胡椒、奶油、味醂就可以運作。

原本就很隨性的我,這樣的偷懶作法常常讓我在回覆網友問題時,感到有一點心虛。但這就是我的方式並且樂在其中,家庭料理就是這麼自在,要先簡化才能持續。

因為想不出名字，就沿用了以前個人網站的名稱。「抽屜積水」其實沒有任何的特殊意義，它不過是個人網站時期用的名稱，相似於現在的文青用語。沒想到因此找回一些以前就關注的網友，以年資來說真的相當久遠，有些網友當年都還在讀書，現在再相會都已成為媽媽。這是最奇妙的事，因為她們也看著我們家三兄弟長大，然後我們又因為料理而相遇。

舊一代的網友當了媽媽，新一代的網友則是帶著媽媽一起來關注。女兒挑戰了我分享的料理食譜，媽媽看到後很感動。私訊跟我說：「不怕她在外讀書會吃不好了。」

相較於大家從我這邊學到不同的作法或食材運用，我也從大家身上，看到更多不同的可能還有溫暖的氛圍。因此對於每一則留言跟私訊，我都很認真回覆，因為每一道料理背後都有一個故事，每一句話都無比珍貴。

這本書記錄的是我們家最常出現的便當菜色，也是這十一年來的一種記錄。便當日記只是我人生中的一段過程，它隨著三兄弟逐漸長大而開始，也可能在未來幾年就步入尾聲。希望在這之後的某年，他們也會在有一天突然想起媽媽的便當。不管在什麼年紀、什麼時間點，想起便當就想起愛的感覺。

唉啊，好像有點肉麻耶！
男子宿舍的舍監好像很難對他們公然示愛啊，也只能這樣了。

抽屜積水 Didi

準備
便當之前

肉便當的美味祕訣
預先醃漬肉類與保存方式

不管是從超市、傳統市場或美式連鎖賣場，
買了肉品回家，首先要做的都是將肉品分類、醃漬跟分裝冷凍。

冷凍過的肉品並不會影響風味，需要
注意的是，必須完整密封保存，才不
會跟冷凍庫裡的味道互相影響。醃漬
好後就冷凍的方式，可以減少調味料
的使用，冷凍也讓肉品更容易入味。
最後再確實標註上用途、部位跟冷凍
日期，以免放置過久忘記取用。

依用途分類

即使是大量採購的肉品，也會想辦法變化各種不同的料理方式，才不會吃膩。所
以一開始的分類很重要，例如購買了美式連鎖賣場的去骨雞腿肉，我會先依雞腿
排外觀，分成「雞腿排、炸雞塊、蔬菜雞腿肉捲」三大類。

· 雞腿排：

完整的雞腿排直接放至密封袋後，加入少許鹽跟黑胡椒搓揉一下，放平冷凍保
存。下次取出退冰後，可依想要的調味醃漬後，再料理。

· 炸雞塊：

選擇較小且不方正的去骨雞腿排，切塊後先做基本醃漬，冷凍保存。基本醃漬的
調味通常為「鹽麴、醬油、蒜泥、黑胡椒各少許」，醃漬分量不過重，以便之後想變
化口味時有調味的空間。直接料理也沒問題，可以再搭配沾醬或做成有醬汁的料
理也很適合。

· 蔬菜雞腿肉捲：

要做成肉捲，就需要大且方正的雞腿排，在分類時，先把較厚實、能片開成比較方
正的雞腿排，挑出來。一樣加入基本醃漬後，先做成半成品再分裝冷凍。因為蔬菜
包在一起冷凍的關係，加熱後較容易軟化，雖然口感會偏軟，卻省下不少時間。

依用途醃漬

依用途醃漬可以分成只做「基本醃漬」跟「已確定口味的醃漬」。

1・「基本醃漬」:

一種是只加「鹽跟黑胡椒」還保有另外醃漬調味的空間;另一種是加了「鹽麴、醬油、蒜泥、黑胡椒各少許」的方式,即使直接料理也可以。

跟別人不同的是,我比較喜歡沒有多餘醬汁的醃漬方法。所以不會使用過多的液體材料,醃漬的分量也不過多,能在料理時隨意更換調味,或依照烹煮當天的心情隨時更換口味。

2・「已確定口味的醃漬」:

大多是比較獨特的口味(例如韓式辣醬美乃滋),直接取出退冰後料理即是成品,也就是日本很流行的半調理冷凍材料包。有常做或喜歡的料理,就可以先預先醃漬冷凍備用。

半成品+自製的冷凍食材

大量採買的好處,在於適合大量製作。自製的冷凍食品步驟比較繁瑣,一次只做一些有點花時間,不如一次多做起來冷凍保存。

例如漢堡排,一次做多一點的分量,可以分成漢堡排、早餐肉排或肉丸子來保存。還有餃子、雞肉丸子、肉捲蔬菜、用燒肉醬醃漬好的肉片,或是多做了一兩份又無法當餐食用完畢的料理,或將餃子用不完的肉餡做成春捲。以上都適合當作半成品冷凍,料理前一天,只需取出到冷藏退冰再料理即可,省掉前置作業,大大提升了便當生活的便利度。

各種肉品的
聰明選購技巧

肉品的購買跟選擇,是很多料理新手頭痛的問題。
相信大家都有差不多的經驗,搞不清楚分量買了太多,
不了解各部位的特色,買錯了?
或是看起來好像不錯,但買回家卻不知道怎麼料理?
對我來說,有時看到沒看過的肉品部位,
也會有一種好想試試看的心情,失敗了也沒關係,
畢竟經驗都是累積而來的。

日常最常選購的方式

傳統市場

上市場購買可能會眼花撩亂，不知道也看不出部位差異，而無從下手。一開始可以花一點採買學費跟老闆培養感情，或將想做的料理告知，並請老闆推薦使用部位也是一個方法。我最喜歡的老闆是會直接詢問你：「要煮什麼？」，或是閒聊時他對於料理也有自己的一套想法，這樣的老闆可以讓你在採買上的選擇更輕鬆。等採買次數多了，也會在心裡建立一套屬於自己的標準。

生鮮超市

現在生鮮超市的肉品選擇也越來越多元，肉品處理的方式也方便各種料理使用。乾淨的貨架，加上標示清楚的名稱跟價格，分量較少，買起來也很輕鬆沒有壓力，適合家中不常開伙的人。就跟剛開始下廚的人會認不出各種蔬菜一樣，有了名稱標示的超市，可當成新手的教科書，有些肉品的處理方式，更是只有超市才有。以帶油脂的里肌厚片來說，傳統市場跟美式連鎖賣場的販售，就沒有這樣的切法。

美式連鎖賣場

以大量販售方式的美式連鎖賣場，因為一次同品項採買的分量很多，正適合人口數多、用量很大的我們家。採買後一連串的前置處理（改刀、依用途醃漬、分裝、冷凍保存），因為很耗時間所以得在假日才能製作。大量採買及一次性的提前依用途分類做醃漬，前置作業雖然費時，但對日常的使用來說卻很方便，只要前一天提早解凍就可以料理。品項豐富、標示也很清楚，缺點就是對一般人來說，量太多了。

網購

這幾年網購生鮮也很熱門。跟一般超市不同的是，除了品項清楚之外，也會提供料理方式參考。依方便使用的分量做真空包裝也很方便，冷凍運送也不影響新鮮度。適合不方便出門採買的新手媽媽們，偶爾會有一些特殊的品項，也很受歡迎。

最常使用的
肉品部位

豬里肌

一整條豬里肌中,老闆總說最好吃的是前段。前段最好吃的是帶有雙色肉的部位,常常都是請老闆幫忙切成薄片與厚片兩種。回家簡單地醃漬後冷凍備用,當早餐肉片或正餐的懷舊炸肉排都好用,是屬於可以救急的庫存。大里肌前段是口感較好的部位,切成厚片斷筋後,稍微拍打一下也可以用來做炸豬排,相當經濟實惠。

豬里肌2

我經常在生鮮超市購買帶有油脂的豬里肌,因為這樣處理的肉片在傳統市場沒有。因前端帶有油脂,所以必須做好斷筋的動作,加熱時才不會因為收縮捲起,造成加熱不均;也因為含有油脂,讓里肌肉吃起來不乾柴,直接用香料跟橄欖油醃漬就很美味了。

豬五花肉

熱愛用五花滷肉的我,如果剛好上市場看到肥瘦均勻的五花肉,就會忍不住買回家。回顧我的滷肉史,五花肉塊是越切越厚、越大塊!使用保溫性佳的鐵鍋燉肉,肉切得大塊,燉好後外型完整、內裡軟嫩!一人一塊就已滿足。如果時間不夠,又想來滷一鍋的話,就會選擇超市裡的薄片五花肉條。因為厚度薄,能夠在短時間入味。直接切片也可以做成其它料理:回鍋肉、客家小炒、韓式烤肉,可說是變化性很多的食材。

豬肋排

肋排、子排、排骨分不清嗎?通常購買時老闆都會問要煮湯?要燉?要烤?後來我都直接跟老闆說我要肉多的排骨。豬肋排這個部分,通常要先跟市場老闆預訂,才能有這麼大塊、肉多且軟嫩的部位。也因為帶骨,所以必須先想好用途後,請老闆幫忙切好大小。因為厚度較厚,回家可再把排骨肉的部位切半。豬肋排用來燉或烤最好,煮湯就有點浪費了。煮湯的排骨,可選擇較沒有肉的龍骨、或較有肉的梅花排,比較獨特的軟骨排也很適合。

豬絞肉

如果是在傳統市場買絞肉,我通常都會自己選一塊梅花肉請老闆絞,通常只絞一次。在超市購買的絞肉,有的也會很貼心地分成粗絞肉跟細絞肉,就跟傳統市場的絞一次或兩次一樣。可依料理需求不同來選擇。絞肉的用途相當多,超市的冷凍肉品還有低脂絞肉的選項。但我比較偏愛絞肉要有一點油脂,所以會選擇用梅花肉。絞肉來做滷肉燥、肉丸子、漢堡排、炒絞肉料理,或是取代肉絲跟蔬菜一起炒。

松阪豬

松阪豬的口感很特別,整塊松阪豬拿來做蒜泥白肉非常美味,拿來滷或是用來做糖醋排骨、粉蒸肉,都非常適合。因為本身就有油脂分布的關係,取代排骨料理完全沒問題。沒有骨頭會占便當空間的困擾,簡單的蜜汁醃漬烤過後,帶點Q勁的口感更是迷人。

豬五花肉片

肉片料理方便簡單又能快速上菜。選擇長且薄的五花肉片，也能用在各種肉捲蔬菜上。因為薄，所以在分裝冷凍後，也能縮短退冰的時間，在臨時需要加菜的時候，是最方便的選擇。適合用在馬鈴薯燉肉、燒肉、蔬菜肉捲、酸菜白肉鍋、蔬菜烤肉串。也很適合用來炒菜，利用本身的油脂就不需額外再放油了。

豬梅花肉片

跟豬五花肉片用途一樣，差別在於，如果不喜歡油脂太多，那麼豬梅花肉片是比較好的選擇。

豬梅花厚片

我們家的炸豬排除了使用里肌肉之外，還有一個選項就是豬梅花。如果在市場看到漂亮的豬梅花，就會切成厚片，分成炸豬排（筋比較少一點的）跟用來煎梅花骰子兩種。豬梅花厚片用來炸豬排，能吃到一點筋的部位，本身油脂也夠，所以使用烤箱做免炸豬排的話，吃起來會比用豬里肌更美味；煎梅花骰子就很單純享用食材的原味，只簡單的加以醃漬，厚片煎過後再切成骰子狀，吃起來還有香噴噴的肉汁。

雞胸肉

減脂是這幾年很熱門的話題,但在我們家雞胸肉的使用,卻是為了讓小孩有多一點咀嚼口感,還有省一點菜錢。媽媽這工作有時很單調無趣,當他們有一次跟我說雞胸肉要咬比較久不喜歡,媽媽就認真的跟他們較勁上了。從此開始大量採買雞胸肉,變化各種料理。做成炸雞塊雖然沒有雞腿肉軟嫩,但包在飯糰裡一樣美味;切成雞丁跟各式蔬菜拌炒,或用坦都里醬來增加它的美味;也可以直接使用雞胸肉做成雞絞肉,家裡狗狗的鮮食也大多仰賴雞胸肉。

雞里肌

雞里肌大部分是從生鮮超市購買的,比雞胸肉軟嫩,相對來說孩子們的接受度也較高。獨特的外型,醃漬過後,如果使用橫紋鍋烙紋,更覺得美味。串燒、炸雞柳條、以香料醃漬後燒烤、鐵鍋炙燒、做雞丁使用,口感比雞胸肉更好。

雞二節翅

身為雞翅愛好者的我,大部分都是直接煎或烤雞翅。如果你是喜愛喝湯的人,用雞翅跟金華火腿燉湯的美妙滋味,就一定要試試看了。因為很喜歡雞翅,所以不願意看到有人浪費它,常常會在處理雞翅時,把小翅剪下變成一小盤下酒菜。說也奇怪,平常不愛啃小翅、嫌棄沒肉的孩子們,看到單獨一盤的烤小翅,反而會啃得津津有味。

雞棒棒腿

滷雞腿、炸雞腿,台式便當主菜裡少不了
的就是它。雖然說少了雞腿排的部位,
常常都是一人一隻還不太過癮,但是滷
(炸)雞腿的出現,往往都能在午餐時間
擄獲同學們羨慕不已的眼光。雞棒棒腿
比較厚實,在醃漬前,從底部沿著骨頭的
方向劃兩刀,可以幫助入味跟熟透。

去骨雞腿排

去骨雞腿排是三兄弟便當中很常出現
的食材,因為太常使用,所以通常會在
美式連鎖賣場購買。各種口味的烤雞
腿排、炸雞塊、雞腿肉捲、燉肉都適用。
雞腿排因為口感軟嫩做什麼都好吃,
也從來不擔心用不完。

帶骨羊排

羊肉的部分,三兄弟較能接受的是
以香料醃漬後的羊排。帶骨羊排的
造型也很受小孩喜愛,有一點吃豪
華餐點的歡樂感。簡單的橄欖油跟
香料醃漬後,以鐵鍋煎香即可,簡
單的料理方式也很適合媽媽偷懶。

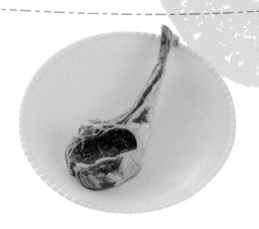

常用的自製鹽麴

自從2016年從朋友那裡獲得,她上課自製的鹽麴跟醬油麴,讓原本就有在固定使用鹽麴的我驚為天人。以前總覺得市售鹽麴有較明顯的發酵味,不太適合用來拌青菜或料理調味,但用來醃肉卻是不可少的,因為肉質會變得更軟嫩可口!

從此一改我過去買市售鹽麴,都只用來做醃料的既定印象。現在因為使用量大增,就開始自製,不只是醃料會使用,也會用在各種料理調味上。

與鹽麴最速配、也是每日都會出現的就是蛋料理了,用一點鹽麴加水混合蛋液,比加入高湯還更能彰顯出蛋的美味。鹽麴加入各種肉丸子、肉餅料理,則會增加自然的黏稠度,就不用再加蛋進去攪拌,也不需費力的甩打。

估且不論發酵物對身體的好處,光是說不盡的各種用法、加在各種食材上的美味,在料理上又節省時間,難怪鹽麴被稱為「萬用調味料」了。

鹽麴的自製很簡單,因應各種不同的家庭情況,有不同的方式可以選擇。每日攪拌的室溫發酵、電鍋保溫的速成法、保溫瓶製作法等,我因為家裡濕度、溫度還有方便的關係,傾向於使用可定溫的機器,只要準備好米麴跟機器就可以無後顧之憂了。

Didi 小祕方 >>>

因為要製作的是能讓食材發揮原味的調味料,海鹽的粒子較小,
容易跟麴結合,並且味道比較樸實也易取得。
所以太有特色的鹽可能就不太適合。
因為相當喜愛且自製鹽麴的關係,所以自家醃漬大多都會以鹽麴為主,
書中食譜配方的調味,使用的鹽麴可以一般鹽取代(分量不同)。

定溫優格機的作法

材料　市售米麴(日本、富自山中、穀盛)　海鹽　水

作法

1 / 依市售米麴上的包裝,準備鹽跟水的分量。

2 / 將以上三種材料拌勻,倒入熱水消毒過的製作盒裡,放入定溫優格機裡,設定為60℃約6小時。中途3小時的時候,打開觀察一下,並且用乾淨的器具稍微攪拌,也適時的看看是否需要再加水。

3 / 6小時後,完成發酵的鹽麴會呈現略有水分,還能看到完整米粒,但稍稍一壓,可以破壞米麴外型。為了之後方便使用,我會用熱水消毒過的攪拌棒,將鹽麴打成泥再裝盒冷藏保存。

家庭必備油漬番茄

Didi 小祕方 >>>

1 烘烤時間越久，烤得越乾越好保存，
  可以試試100℃烤2～3小時完全烘乾。
2 油漬的料理可以把油都完整利用，
  因此建議選用比較好的油品。

油漬番茄是一道完全沒有技巧，卻很好運用的常備料理！
多做幾瓶，有時懶得爆香時，將它當作風味油使用也很方便。
變換一下香料，或放入蒜頭、辣椒等辛香料，就能改變口味，
是一種吃不膩又容易變化的食材。這次嘗試了不要烤到很乾的作法，
比較能保存原有的味道，不致於產生太多雜味。
缺點是，沒有烤很乾的油漬番茄保存期限較短，
要記得盡快食用完畢。

材料　・小番茄…300g ・義大利綜合香料…適量
　　　　・海鹽…少許 ・黑胡椒…少許 ・橄欖油…能蓋過番茄的量
　　　　・新鮮香草…適量

作法

1/　小番茄洗乾淨瀝乾，外皮用紙巾擦乾。

2/　將小番茄一刀剖開，切口放在紙巾上，吸掉多餘水分以減少烘烤時間。

3/　原味油漬番茄切口朝上，排列在烤盤上，以120℃烘烤60分鐘。

4/　香料油漬番茄：在排好的番茄撒上義大利綜合香料、海鹽、黑胡椒、淋上適量橄欖油，一樣以120℃烘烤60分鐘。

5/　烤好放涼，把小番茄放入已消毒過並晾乾的玻璃罐中。倒入橄欖油到剛好淹過番茄的高度，即可冷藏使用。（香料口味的可另外放入自家種的迷迭香、巴西里或月桂葉等新鮮香料）

Step 1

Step 3

Step 3

純天然！
自製百搭番茄醬

冷凍法的番茄醬製作很有趣，經過冷凍後的番茄味道會更濃厚，
也可以直接將冷凍番茄切塊，運用在燉煮料理上。
不但方便保存，也讓風味提升，可謂一舉數得。
搭配漢堡排在漢堡醬汁之外加一點番茄醬；早午餐時可以淋在煎蛋或沙拉上；
做番茄炒蛋時可代替市售番茄醬，煮茄汁料理也能運用。
沒有食物調理機的話，直接切成小塊燉煮也沒問題。
各種大小番茄、牛番茄、桃太郎番茄都可以做。

材料　・番茄…3顆　・蒜末…3瓣（約15g）
　　　　・橄欖油…3小匙　・水（視情況）

 調味料　・鹽…適量　・糖…適量　・醬油　・黑胡椒　・綜合義大利香料

作法

1/　番茄洗淨去掉蒂頭,裝入保鮮袋冷凍半天以上。

2/　冷凍取出3顆番茄,在尖端輕輕的劃十字。放在水中沖一下,番茄的皮就會自動剝離。

3/　將去掉蒂頭的番茄切塊,放入食物調理機,打10秒變成番茄泥（或切小塊直接燉煮）。

4/　鍋子裡放入蒜末、橄欖油稍微爆香,放入作法3,用小火持續加熱。不時攪拌一下,慢慢熬煮,等水分慢慢蒸發且開始變濃稠,加一點市售的番茄醬,幫助稠化跟收汁。

5/　燉煮過程水分高度會減少,如果番茄水分不足,可適時的加一點水以防燒焦。

6/　作法5加入一點鹽、糖、少許醬油、黑糊椒跟義大利綜合香料調味。

7/　將做好的番茄醬放到微溫時,倒入消毒過的罐子冷藏保存,也可分裝冷凍備用。

Step 2 　Step 3 　Step 4 　Step 6-1 　Step 6-2

常備萬用油漬菇

油漬料理很適合當成常備菜，
不只能直接塗抹吐司，運用在各種料理上都很方便。
常用的方式有做成早餐炒蛋三明治、油漬菇義大利麵，
用來當成爆香材料，拌沙拉或搭配肉類食材都很吸引人。
缺點是，菇類炒過後總是會大縮水，所以常常做不夠吃啊！

材料

· 鴻禧菇…2包
· 雪白菇…2包

· 鹽…少許
· 黑胡椒…少許
· 蒜頭…30g
· 橄欖油…適量
· 香草…適量

作法

1／ 準備喜歡的新鮮菇類，用廚房紙巾將表面擦乾淨，切掉根部並撕開，處理成大小一致。

2／ 將處理好的菇放在容器上鋪平，撒上少許鹽，靜置20分鐘稍微出水。

3／ 熱鍋後不加油，直接將菇倒進去乾炒。把水分慢慢炒乾後，加入少許黑胡椒拌勻，盛盤稍微放涼。

4／ 準備熱水消毒過且已乾燥的容器，放入放涼的菇，倒入能蓋過菇高度的橄欖油。最後加入蒜頭及喜歡的香草，密封冷藏即可。

Step 2

Step 3

Step 4-1

Step 4-2

常用的基本工具

（鍋具、小道具、各類常用醬料）

每個媽媽都有自己的一套調味料經，沒有對和錯只有喜歡跟習慣。
剛開始下廚時，我曾經很興奮的推薦媽媽我喜歡的醬油，
但卻在她試用後被否決了。
後來我想，也許這就是為什麼在同樣的料理上，
我跟媽媽一樣的作法，卻出現了味道上微妙的差異。
以下和大家分享我這幾年累積下來的使用經驗。

常用基本調味料

較常選購的醬油品牌

玉泰白醬油、金蘭松露醬油、萬家香零添加純釀醬油、新竹銀福醬油、義美全豆醬油、Yamaki鰹魚淡醬油、還有中部常見的瑞春跟黑龍醬油。不同品牌的醬油鹹度跟味道都不同，在料理使用上也需要斟酌使用。有機醬油通常比一般醬油偏鹹且重口味，這是使用不同醬油時比較需要注意的事。

較常選購的料理酒

· 台酒料理米酒、白鶴料理清酒、玉泉陳年紹興酒、甘強酒造純正味醂。酒類在料理上用來去腥解膩、增加味道層次。料理酒的酒精經過揮發後食用也安全。

直接用料理酒來替代少許水燜煮或軟化食材很快速又方便。

不過其實在我們家用最多的是陳年紹興酒跟陳年味醂，因為風味獨特，在燉煮跟照燒料理上不可或缺。

· 陳年味醂的陳年兩字是我自己冠上的，因為通常會提前半年買回來存放。這款味醂像酒一樣越放越香，瓶蓋口上會有結晶是正常的，打開後也不用冷藏。放上幾個月剛好接替用完的味醂，打開後照樣存放在蔭涼的地方，不管是去腥或增加食物色澤，甚至是燉煮或做成醬汁，在味道上都很加分。

較常選購的白醋

白醋、萬能醋。一般的白醋我通常只用來跟小蘇打搭配做清潔用,用途廣泛價格便宜又安全,砧板、水槽、水管、抽油煙機、流理台或是鍋具保養都沒問題。料理上的使用就都用萬能醋,一罐多用途真的很省事。從浸泡食材防止變黑、做壽司醋飯、做泡菜或淺漬,各種料理用途都能滿足。

較常選購的烏醋

白兔牌上烏醋、五印醋、皇嘉巴薩米克醋。有時候就是少了那麼一點味道,缺的就是烏醋。每次用量都少少的,但真的少了它就是不行。有一次用了巴薩米克醋取代烏醋,效果還不錯,就是成本太高了。

方便的料理醬料

各種調配好的醬料也是好幫手。即使是沾醬,有些也適合用來醃漬,或加入燉煮入味。已經調配好比例跟味道的醬料,只要取適當的量使用,就能輕鬆完成料理。我常用的有:番茄起司義大利麵醬 CLASSICO PASTA SAUCE、敘敘苑燒肉醬、KALDI十勝豚丼醬、mizkan金芝麻醬。

其它必備的基本調味料

KirklandSignature喜馬拉雅山粉紅鹽、McCormick研磨黑胡椒粒、誠記蔘藥白胡椒、砂糖、三溫糖、紅冰糖、依思尼無鹽奶油、西班牙LaChinata煙燻紅椒粉、廚王咖哩粉、薑黃粉。

❶ 玉泰白醬油 **❷** 陳年紹興酒 **❸** 角屋麻油 **❹** 敘敘苑燒肉醬 **❺** mizkan金芝麻醬 **❻** mizkan柚子醋 **❼** 九鬼胡麻油 **❽** 珍的魔法鹽 **❾** 富自山中薑黃粉 **❿** KALDI十勝豚丼醬 **⓫** 金蘭松露醬油 **⓬** 萬家香零添加純釀醬油。

常用基本鍋具

除了瓦斯爐之外，若能同時搭配烤箱，就可以節省很多料理時間。

通常主菜交給烤箱就有餘力多做一些較繁複的配菜。

也因如此，廚房小家電是我不可或缺的伙伴。

水波爐

我的水波爐型號是AXX1，於2009年購入。已經十歲了，目前仍然老當益壯。當年還是廚房新手的我，每次開伙前，都得先查詢好三菜一湯的材料，並記下步驟，鼓起很大的勇氣才購入當時還算是創新產品的水波爐。之後也因為社團交流，激發了各種對水波爐的用法。這十年間，主菜常常都是利用它完成的，「蒸、煮、烤、炸」樣樣都行的它，在狹小的廚房空間是一大幫手。

阿拉丁烤箱

即使有水波爐，我還是多準備了一個小烤箱。因為早餐的烤土司、焗烤點心、早上趕時間的便當主菜都需要它。不用預熱，即開即熱是它的一大優點，在便當生活中預熱的那5～10分鐘，分分可貴啊。使用內附的專用烤盤加蓋，一來避免了油漬噴濺，加蓋的烤盤加入少許水，經過高溫加熱，讓裡面溫度比表定更高，更能完全的加熱食物且有效縮短時間。

氣炸鍋

跟曾經流行過的旋風式烤箱原理相同的氣炸鍋，近年來又火紅了起來。加熱速度快且烤色均勻是它的優點，一次料理的量較少，適合人口少的家庭或租屋族。雖然網路上大多推薦用它可以在家安心吃炸物，但我最愛的，其實是它不太需要翻面或將食材移位，也能將食材烤得色澤漂亮的優點。

不沾玉子燒鍋

以新手來說,不沾材質的玉子燒鍋是最好上手且單價便宜的。不沾材質不能空燒、怕刮,所以不能使用金屬鍋鏟,清洗時也要小心以免刮傷塗層。使用久了,開始出現沾黏或塗層褪色時就需要汰換了。

鑄鐵玉子燒鍋

我自己也是從不沾玉子燒鍋換成鑄鐵玉子燒鍋。鑄鐵材質單純安全,且大多可以整支進烤箱,可用來變化不同的料理如:烘蛋或焗烤。使用上即使使用金屬鍋鏟也沒問題,保養則只需用熱水清洗,不要使用清潔劑即可。洗完後放上瓦斯爐烘乾,刷上一點油預防生鏽,就可以了。

一般鍋具

1/ 煎煮炒炸都可以的不沾鍋。

2/ 煎肉很出色的生鐵鍋。

3/ 常常被我拿來做蛋球或點心的鑄鐵章魚燒鍋。

4/ 燉煮用的琺瑯鍋。醬汁或少量湯水用的可愛牛奶鍋,偶爾也可充當油炸鍋。

5/ 炊飯鍋也可以當作湯鍋使用,小小一盅還覺得特別美味。

便當盒

· 不鏽鋼便當盒

不鏽鋼便當盒可蒸可烤,耐摔又不易損壞。蒸便當的時候,使用機會最多的就是它了,除了微波之外都適合。如果不鏽鋼便當盒內附矽膠防漏條且沒有洩氣閥的話,就會有加熱後造成密封打不開的情況。可以在蓋上上蓋時,將半張烘焙紙折成小條狀,壓在矽膠環上跟上蓋一起蓋起來。讓紙條將矽膠環壓出一點空隙,就可以減少密封狀態的發生。

· 鋁製便當盒

鋁製便當盒不適合加熱,也不適合微波。只適合冷便當使用。因為材質輕巧好攜帶,很適合中低年級的小朋友。

· 琺瑯便當盒

跟不鏽鋼便當盒一樣,可蒸、可烤但不能微波。琺瑯便當盒美觀、不易沾染味道,又好清潔,唯一怕的是摔到。敲打或撞擊會造成琺瑯脫落,露出生鐵的部分,就會容易生鏽。

· 塑膠便當盒

每天做便當是否也會想變化一下便當盒?有時候想要可愛一點、漂亮一點,塑膠的便當盒就有著千百種不同的樣貌。如果有微波加熱的需求,購買時要注意一下材質說明。

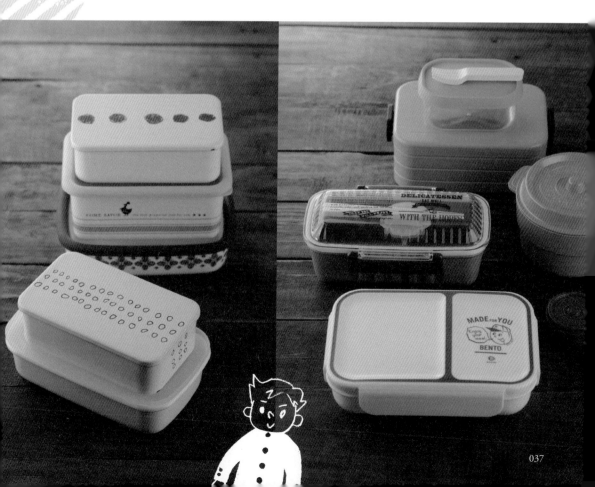

·木質便當盒

木質便當盒可以讓米飯保有水分，吃起來Q彈，很適合冷便當。為了保養跟清潔方便，有時會先在便當盒內鋪上烘焙紙。可使用軟海綿跟溫水清洗，不用清潔劑。洗完後，放在通風處晾乾即可。

·野餐便當盒

三明治、飯糰這類比較難掌控的料理，就需要野餐盒了。搭配小菜盒、醬汁盒使用就可以有更豐富的變化。可以折疊收納的野餐盒，因為節省空間也可以在日常出遊時隨身攜帶。就算很少用到，但因為太可愛還是得準備一下的。

· 食物保溫罐

冬天時總會想要帶點熱湯或燉煮的食物。在裝入食物前，先倒入熱水泡15分鐘，並且使用保溫提袋，可以延長保溫效果。夏天也可裝冰涼的甜湯，當作點心再好不過了。

· 保冷劑、保冷便當袋

這一年多才從蒸便當加入冷便當的行列，之前收集的眾多保冷劑也可以派上用場了。夏天的保冷劑還有個替代品，就是冷凍利樂包飲品或自家製的冰棒！利用冷凍後的特性，包上一層吸水的小毛巾，跟便當一起放入保冷便當袋。維持便當的涼爽，也可以在溶化時享用，涼快一下！

· 收納式餐具

附收納盒的餐具是首選。試過各種不同材質的餐具，後來還是覺得不鏽鋼餐具最耐用。不鏽鋼餐具一體成型的設計，相對簡單又牢固。使用食物保溫罐時，搭配專屬的方型湯匙，可以在有限的用餐時間內，更有效率的吃完一餐。

帶便當的進化史

仔細一算，
發現幫孩子們帶便當
居然已經有將近十一年的時間。
我們家的便當歷程，
算是把每一種型態都經歷過了，
和大家分享一下心得。

(1) 現送便當，當天中午現做現送：

中午前製作好的便當，在午休時間前送到學校。現送便當除了時間受限之外，其它都有很大的彈性，料理的選擇上也較不受限制，幾乎可說是想吃什麼就做什麼。有時也可以買個外食給小朋友一個小驚喜；缺點就是媽媽早上的時間，會被做便當跟送便當卡住了。

(2) 蒸便當，前一天晚上做好冷藏，隔天帶去學校蒸：

蒸便當通常是與每天晚餐一起製作，有一段時間晚餐時段要做8人份的料理才夠用。蒸便當也是三兄弟使用時間跟次數最多的帶便當方式。早上將前一天晚上做好的冷藏便當，直接帶去學校放入蒸飯箱。教室的蒸飯值日生會在固定時間去開啟加溫，溫度跟時間控制得宜的話，還是能吃到不錯的熱便當。只是多數時候，設定的溫度過高、加熱時間過久，就變成多數人不喜歡、變軟又變色的便當了。雖然如此，我家老二就是個熱愛蒸便當的小孩。因為這樣他反而會去注意蒸飯箱的溫度跟時間，就算後來常常帶冷便當，他還是會在中午前把便當放進蒸飯箱加熱一下！

(3) 保溫便當有兩種型態：

· 保溫便當盒：

在老三也加入帶便當行列時，發現他對蒸便當的接受度很低。除非是耐蒸菜色，否則他常常會剩下不少。老三覺得午餐時間太短、蒸便當太燙、蒸完飯硬硬的、菜太軟變味不好吃。於是有一段時間用保溫便當盒給他，一樣將冷藏便當在早上出門前，幫他把菜色微波加熱後，趕快放進保溫便當盒裡。保溫便當盒放到中午食用時，其實也只是微熱，沒辦法吃到熱呼呼的食物。在接受度上，只有不愛燙口食物的老三最喜歡。

· 食物保溫罐：

使用食物保溫罐裝熱食，再加一個冷食小飯盒是最好的方式。不用再加熱也有熱熱的食物，搭配冷食小飯盒也沒有料理變色、變味的問題，最適合在準備了燉煮料理時使用。保溫便當盒跟食物保溫罐，都要經過確實的用滾水預熱，再加上專用的保溫提袋，保溫效能會增加許多。

(4) 微波便當

學校沒有微波爐，所以這是屬於爸爸媽媽的帶便當方式。微波是最不會讓食物變色、變味的加熱方法，可惜學校沒有。要微波的餐盒，就不適合使用金屬材質的便當盒。微波時在打開的飯盒上，蓋一張沾濕的餐巾紙，可以讓微波後的便當保有水分。

(5) 冷便當，當天早上現做中午直接吃：

冷便當在料理跟菜色上較不受限，料理過程中確實保持食器、食材、手的乾淨。做好的料理確實放涼，且瀝乾菜汁，再裝進便當盒裡蓋上蓋子，就不會因為溫度產生水氣而導致食物變質。夏天炎熱時，只要不是長時間曝曬在太陽下，並且使用保冷袋加保冷劑，維持便當的冷度就可以了。也可利用冷凍的樂利包飲料充當保冷劑，又能喝到解凍後涼爽的飲品，一舉兩得。

我的一日便當日常

預想流程,是我這一年來改為早上五點半起床做便當最重要的程序。即使前一晚沒有先準備好材料,也是因為我已經在腦海裡想過一遍,確認了隔天的菜單可以在限時內完成,如此一來,就可以放心睡覺了。

從蒸便當逐漸轉移成冷便當之後,我也開始把便當簡化成三菜一飯。以一道肉類主菜、一道青菜、一道蛋料理,加上澱粉類主食為基本條件。縮短了備料時間也簡化料理程序,在比較沒有想法的時候,就按照這個設定來做便當。不講求豪華只希望至少均衡。

有許多人會好奇,早上做便當,到底要花多少時間呢?其實只要前一天晚上花一點時間準備前置作業,就可以很輕鬆完成。

前一天晚上的前置作業

(1) 預約白飯:

· 睡前洗好米先預約好白飯時間。

· 早上起床第一件事,就是先將電源關掉,白飯取出放涼。

· 如果是要做壽司,會先拌入壽司醋再放涼。

（2）配菜的準備：

前一晚預先清洗切好備用的配菜，處理好後依料理用途分別放入保鮮盒冷藏備用。將主食材跟配料都先準備好，早上只要爆香後，依序下鍋省去清洗跟切塊的時間。

（3）冷便當主菜的準備：

從冷凍庫取出醃漬好的肉品，冷藏退冰備用；或當天購買的生鮮肉品，醃漬處理備用；醃漬好的肉品，按料理方式先做好可以立即下鍋的準備後，放保鮮盒冷藏。肉類料理時間較長，盡量將前置作業處理至可直接下鍋煎或翻炒的狀態，即省下不少時間。

（4）常備菜的準備：

可以事先做好的配菜，先做好冷藏，如玉子燒或涼拌的常備菜。多準備幾道配菜分裝冷藏，早上時間不夠時，可以直接取用，或晚餐要臨時加菜也沒問題。從冷藏取出時，先讓它稍微回溫再和其它菜色一起裝盒。

（5）給自己一份早午餐：

有時候做完便當送三兄弟出門後，自己也餓了，就把剩餘食材擺成一小盤給自己當早餐。有更多的食材，就多裝一盒便當，看是給爸爸帶走還是留著自己當午餐享用都好。

我的便當日常

5:20	鬧鐘響，賴床＋刷牙洗臉10分鐘。
5:30	取出預約煮好的白飯，拌開來放涼，取出冷藏的食材及配料。
5:35～5:50	完成主食肉類料理。
6:00	完成需要現炒或需要小烤箱的配菜。
6:10	完成三個便當裝盒。
6:15	拍完便當照，並依各別喜好準備飲品跟餐具。
6:20～6:30	高中生要帶著便當出門，在小學生起床並出門前這段時間，好好整理廚房吧！

P.S. 每完成一道料理，就放到通風處吹涼，確實放涼再裝盒，以免產生水氣使便當變質。

巧妙擺盤讓
便當更美味！

 番茄牛肋便當

蒸便當大多是前一天晚上製作，裝盒後冷藏，
隔天直接帶去學校使用蒸飯箱加熱。
使用的便當盒材質，只能用可加熱的全不鏽鋼或琺瑯材質。
將料理稍微放涼後，利用烘焙紙隔開，
即使沒有食物保溫罐，也能享用美味的燉煮便當。

1/ 準備可加熱的不鏽鋼便當盒。

2/ 在便當盒裡鋪上2/3的白飯。

3/ 將烘焙紙裁剪成長型後，對折加厚折成L型，放在便當盒空處。

4/ 利用烘焙紙L型的遮擋，放入已經微溫的番茄牛肋，可倒入少量湯汁。

5/ 在白飯撒上飯友料。

6/ 擺上油漬菇奶油白菜。

7/ 最後放上海苔玉子燒即完成。

Step 1

Step 2

Step 3

Step 4

Step 5

Step 6

Step 7

冷便當的菜色在料理完成後放涼，再進行裝盒動作。
裝盒後確實放涼，再蓋上蓋子，連同保冷劑一起放入保冷便當袋中。
如果想分隔菜色，可利用烘焙紙、矽膠杯子模或食物蠟紙。
美味的炸物再附上醬汁，冷便當一點也不馬虎。

1/ 冷便當任何材質的便當盒都可使用。

2/ 在便當盒裡斜放2/3分量的白飯。

3/ 在白飯上鋪滿高麗菜絲。

4/ 便當盒空處從角落開始，放入鹽麴緞帶胡蘿蔔。

5/ 擺上竹輪秋葵捲，利用邊角料放在底部墊高。

6/ 填入涼拌鱘味棒四季豆。

7/ 擺上剛切好的炸豬排。

8/ 放上裝有豬排醬的小巧醬汁盒。

9/ 淋上豬排醬即可享用美味的便當。

冷便當

日式炸豬排便當

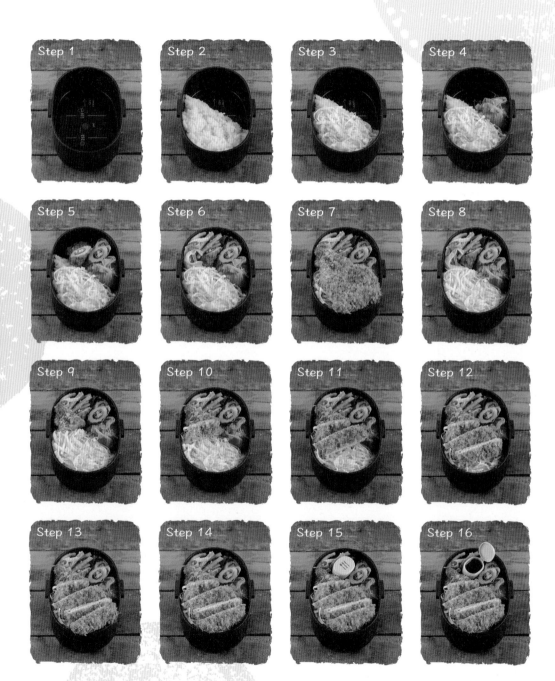

Step 1　Step 2　Step 3　Step 4

Step 5　Step 6　Step 7　Step 8

Step 9　Step 10　Step 11　Step 12

Step 13　Step 14　Step 15　Step 16

Chapter 1

一口接一口的

滿足
大肉塊便當

烤箱版
日式炸豬排便當

主菜：適合冷便當

From Tokyo

Didi 小祕方 >>>

1 沒用完的黃金麵包粉可以密封冷藏，避免讓濕氣進入就可以保存備用。

2 炸豬排的應用範圍非常廣，在吐司中加入炸豬排、番茄片、高麗菜絲、
黃芥末，就完成了炸豬排三明治。

3 炒香洋蔥、加入柴魚高湯、放入炸豬排再淋上半熟蛋汁，就是美味的豬
排丼飯。想怎麼吃就怎麼吃！還不去炸豬排嗎？

使用一般烤箱製作免油炸的炸豬排，
比油炸的方式省油且健康，可選擇帶點油脂的梅花肉排代替里肌肉。
製作黃金麵包粉時，油可稍多一點讓豬排口感內外一致。
淋上豬排醬就是三兄弟口中的完美餐點，一人一份超滿足。

材料

· 豬梅花肉排…3片
· 市售中濃豬排醬

醃料

· 鹽麴…1小匙
· 醬油…1小匙
· 蒜泥 3瓣…約15g
· 黑胡椒…少許

黃金麵包粉

· 市售麵包粉…100g
· 植物油…2大匙

麵衣材料

· 低筋麵粉…2大匙
· 蛋液…2顆
· 黃金麵包粉

配菜

→ 竹輪秋葵捲〔P.139〕

→ 鹽麴緞帶胡蘿蔔〔P.153〕

→ 涼拌蟹味棒四季豆〔P.135〕

· 白飯

作法

1 / 豬梅花肉排用刀斷筋，用肉槌稍微拍過，醃漬30分
鐘備用。

2 / 在不沾鍋中倒入市售麵包粉，開中小火並在麵包
粉上淋上油，均勻翻炒到呈金黃色，取出放涼備
用。

3 / 醃漬好的豬排依序沾上低筋麵粉、蛋液、黃金麵包
粉後，放到烤架上。

4 / 烤箱預熱，以200℃烤15分鐘。中途觀察上色情況，
隨時注意是否需將烤盤換面，讓上色更均勻。

5 / 時間到，將作法4取出，稍微放涼再切片，最後淋上
豬排醬即完成。

Step 1

Step 2

Step 3

Step 4

Step 5

油漬番茄煎豬排便當

油漬番茄運用廣泛，
除了拿來拌炒之外，醃漬也很適合。
不愛番茄入菜的三兄弟
也能接受有番茄風味的豬排，
吃起來帶著清爽的水果香味。
使用橄欖油醃漬的豬排，軟嫩可口，
油漬番茄經過加熱後更甜美了，
濃縮的香氣被完整釋放。

配菜
- 涼拌黃豆芽 [P.145]
- 涼拌四季豆木耳 [P.134]
- 蔥花菜脯玉子燒 [P.160]
- 香鬆飯

材料

豬里肌厚片…3片
油漬番茄(含橄欖油)…2大匙
鹽麴…1小匙
黑胡椒…少許
迷迭香…少許
蒜末…少許

作法

Step 1

1／ 豬里肌厚片斷筋後，
稍微拍鬆。

Didi 小祕方 >>>

1 油漬番茄本身經過烘烤跟油封，濃縮了美味，煎豬排時再讓它稍微加熱一下更可口。
2 番茄本身帶有一點微酸的味道，運用在海鮮料理也很適合。
　用來油封的橄欖油更是寶物，一滴都不要浪費啊！

主菜：冷便當、蒸便當都適合

Step 3

Step 4

Step 2

2／ 加入油漬番茄裡的橄欖油、油漬番茄、鹽麴、黑胡椒、迷迭草醃漬約3小時。

3／ 熱鍋後，以少許橄欖油爆香蒜末，放入豬排將兩面煎香。醃漬盒裡的油漬番茄也放入煎鍋內加熱。

4／ 取出作法3鍋內材料時，可放入一些蔬菜，利用餘油炒過當配菜。

古早味
炸雞腿便當

配菜
- 咖哩白花椰〔P.147〕
- 水煮蛋〔P.163〕
- 清炒彩椒〔P.154〕
- 涼拌紫洋蔥秋葵〔P.139〕
- 白飯

 材料
- 雞棒棒腿…4支 · 蛋…1顆 · 地瓜粉…30g

 醃料
- 鹽麴…1大匙 · 蒜末(泥)…15g · 醬油…2大匙
- 黑胡椒…少許 · 粗辣椒粉…少許 · 酒…1大匙

作法

Step 1

 Step 2

1/ 在雞腿底部接近骨頭的部位,劃兩刀,幫助入味也讓烘烤時更容易熟透。

2/ 加入醬料後,冷藏醃漬約3小時以上。

Step 3

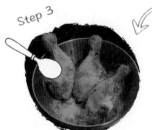

3/ 退冰後先沾蛋液,再沾一層薄薄的地瓜粉,平均擺放在烤盤上,表面噴一點油。

4/ 烤箱預熱,作法3以180℃烤20分鐘,觀察表面上色狀況,及是否需要將烤盤換面,讓上色均勻。利用底部切口及流出的肉汁,判斷雞腿是否熟透。

Didi 小祕方 >>>

1 使用烤箱做仿炸料理必須等沾粉反潮(粉變得微濕)時,再烘烤才不會烤完仍然是白白的。

2 表面噴油或多加一層蛋液,可以減少反潮時間,也能幫助上色均勻。

炸雞腿是肉食少年暴龍三兄弟，便當裡必須出現的菜色。

這是一道可以打敗營養午餐炸物的常勝軍，每當他們回報今天學校營養午餐有什麼什麼炸物時，媽媽就搬出這道來救火，讓他們知道不用油炸也有一樣好吃的炸雞腿！

隔天打開便當盒時，必定會先呼喚同學來觀賞一下。

主菜：冷便當、蒸便當都適合

055

主菜：冷便當、蒸便當都適合

香料烤豬五花便當

Didi 小祕方 >>>

1 如果不喜歡皮烤過後的口感，可以先把豬五花最上方的硬皮切除再料理。
　或是烤完後，單獨將皮的部份切下，拌一點辣椒醬另外做成下酒菜。
2 巴西里蒜味鹽因本身鹹度就高，需斟酌其它調味料的使用。

經常在逛市場時被各種熟食吸引，
買回家後卻又覺得吃起來沒有聞起來美味。
尤其是鹹豬肉，其實只要新鮮豬肉加簡單的香料醃漬就很好吃，
千萬不要用過多的調味蓋掉了肉香。
這就是我們家的陽春烤五花，也可以加入其它食材一起烤，
讓菜色更豐盛。

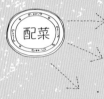

配菜 ┈┈> ・咖哩白花椰〔P.147〕

┈┈> ・沙拉醬菠菜番茄烘蛋〔P.159〕

┈┈> ・白飯

材料

・薄豬五花肉條…2條(約325g)

醃料

・醬油…2小匙
・蒜泥…10g
・巴西里蒜味鹽…2小匙
・黑胡椒…少許

作法

1 / 用肉針或竹籤將帶皮的地方打些小洞，
    減少烘烤時爆皮產生的硬塊。

2 / 簡單用醬油加上蒜泥、蒜味鹽等自己喜
    歡的香料，醃漬約3小時備用。

3 / 烤箱預熱，將作法2以180℃烤15分鐘，
    烤至表面上色且微焦。

4 / 稍微放涼後再切塊食用。

Step 2

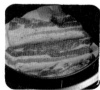

Step 3-1

Step 3-2

Step 4

韓式蜜汁烤排骨便當

主菜：冷便當、蒸便當都適合

配菜
- 毛豆蛋沙拉〔P.164〕
- 清炒彩椒〔P.154〕
- 白飯

Didi 小祕方 >>>
同樣的醬汁用來醃雞里肌，
也很好吃。

材料

- 子排…700g
- 鹽…少許
- 黑胡椒…少許

醃料

- 韓式辣椒醬…2大匙
- 味醂…2大匙
- 韓式芝麻油…1大匙
- 蜂蜜…1～2大匙
- 醬油…少許

作法

1／ 用少許鹽跟黑胡椒醃一下排骨，5分鐘即可。

2／ 把調好的韓式蜜汁醬汁均勻沾裹排骨，醃漬30分鐘以上。

3／ 取出醃漬好的排骨，抹掉過多的醬汁後均勻排列，放進烤箱。

4／ 烤箱預熱，以180℃烤20分鐘，烘烤上色。

5／ 中途打開看一下上色情況、需不需要調整溫度。

6／ 後5分鐘可視情況調升溫度幫助上色，或調降溫度以防烤焦。取出後撒上芝麻粒跟海苔粉，看起來更美味了！

come from korean

各種排骨料理我都相當喜愛，
尤其愛可以大口啃肉的子排部位。
也嚮往著可以把紅通通的韓式料理搬上餐桌，
先從調製韓式蜜汁醬料來醃排骨，
期待醬汁跟排骨略帶肥美的口感蹦出美好滋味。
也能輕鬆擄獲三兄弟的心，帶領他們進入火辣辣的世界！

美乃滋
辣醬雞腿排

主菜：冷便當、蒸便當都適合

兩種每次都怕用不完的調味料放在一起，
居然也能輕鬆的完成主菜的醃漬。
因為擔心小學生們吃了會覺得辣而排斥，
所以在家裡都會用1：1的比例來調醬。
如果可以的話試看看美乃滋1：辣醬2，
更適合大人味。

材料

去骨雞腿排…3片

配菜
· 起司蘆筍 [P.136]
· 馬鈴薯餅烘蛋 [P.161]
· 香鬆飯糰

醃料

韓式辣椒醬…2大匙
日式美乃滋…1大匙
韓式粗辣椒粉…少許（可省略）
黑胡椒…少許

Didi 小祕方 >>>

1 進烤箱前可先將過多的醬料抹去，
　以免容易烤焦。
2 也可先利用烤盤蓋或鋁箔紙蓋起來，
　等雞肉熟了再打開上色，
　就可以迅速完成烤箱料理了。

作法

1/　先將醃料均勻混合，備用。

2/　將雞腿排均勻塗抹上醬料，醃漬3小時。

3/　烤箱預熱，將作法2以200℃烤15分鐘，烤熟後拉高溫度以240℃烤5
　　分鐘將表面上色。

4/　將作法3取出後，稍微靜置放涼再切開，最後撒上一點黑胡椒即可。

香蒜奶油
嫩煎羊排便當

主菜：冷便當、蒸便當都適合

配菜
- → ·奶油香料馬鈴薯〔P.173〕
- → ·油漬菇義大利麵

材料
- ·帶骨羊小排…3支220g

醃料
- ·鹽麴…1大匙 ·橄欖油…2大匙 ·黑胡椒…少許
- ·義式綜合香料…適量 ·紅椒粉…1/2小匙
- ·新鮮的迷迭香…少許（鹽麴若要用鹽取代，只需少量即可）
- ·奶油…10g ·橄欖油…適量 ·蒜末…適量
- ·熟義大利麵…100g ·油漬菇…1大匙 ·蒜末…6瓣

作法

Step 1

1/ 羊小排醃漬30分鐘以上，下鍋前抹去多餘的醬料。

2/ 鐵鍋加熱後，放入一半奶油與少許橄欖油。

Step 3

3/ 在鍋子很熱的時候放入羊排，待底部微焦時，加入多一點蒜末爆香，再翻面。

Step 4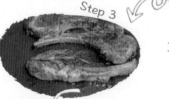

4/ 只翻兩次面，起鍋前放入另一半的奶油塊，把能貼到鍋面的部位都立起來煎一下。

5/ 作法4起鍋時，用鋁箔紙包起來保溫一下，鎖住肉汁再享用。

6/ 另起一鍋，放入橄欖油爆香蒜末，放入煮熟的義大利麵與油漬菇拌炒，最後放上作法5即可。

三兄弟對於羊肉的印象，只停留在喜宴中的菜色。
某天很想試看看大家的接受度如何，
決定用最簡單也最保守的方法——煎羊排。
最簡單的料理方式，吃最原始的味道。
煎過羊排的鍋子，加一點蒜末奶油下去炒成奶油炒飯也非常棒。
當然對小朋友來說，就是要搭配義大利麵才正點。

Didi 小祕方 >>>

鍋子要夠熱，才能一下子把肉汁鎖住，留下美味；
可觀察側面熟度，來判斷翻面的時機。

糖醋排骨便當

小時候媽媽很常做的一道料理，酸酸甜甜特別下飯。
有點肥嫩的排骨特別好吃，因為太愛吃了只好自己學著做。
三不五時就來上一盤滿足自己，因為炸排骨太香，如果被偷吃了也不意外。

主菜：冷便當、蒸便當都適合

Didi 小祕方 >>>

1 可選用松阪豬或里肌肉取代排骨，沒有骨頭比較不占便當空間，也適合小朋友食用。
2 我們家口味喜歡酸一點，所以番茄醬會放到2大匙，也可用自製的番茄醬替代市售產品；
　醬汁因為有太白粉，所以倒入前要再攪拌均勻。

· 汆燙青花菜〔P.138〕

· 馬鈴薯通心粉沙拉〔P.177〕

配菜

· 黃芥末豌豆苗沙拉〔P.137〕

· 白飯

材料

· 子排…500g
· 洋蔥…半顆
· 雙色甜椒…各半顆
· 地瓜粉…30g

醃料

· 醬油…1大匙
· 鹽麴…2大匙
· 蒜末…10g
· 黑胡椒…少許

醬汁

· 水…2大匙
· 番茄醬…1～2大匙
· 白醋…1大匙
· 糖…1大匙
· 鹽…少許
· 太白粉…1/4小匙

作法

1／ 調好醬汁備用,將子排醃漬半小時,去除多餘水分後,
　　裹上適量地瓜粉。

2／ 鍋子加熱後加入多一點的油,用半煎炸的方式把作法
　　1的排骨炸酥,先盛盤備用。

3／ 擦掉鍋子裡多餘的油,加入洋蔥塊
　　拌炒後,再把作法2的排骨倒入。

4／ 接著倒入醬汁,攪拌一下讓肉塊均
　　勻包覆醬汁且變得濃稠。最後加入
　　甜椒塊,稍微收乾到自己想要的程
　　度即可。

Step 1

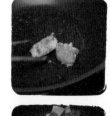

Step 2

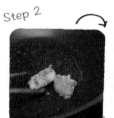

Step 3

Step 4

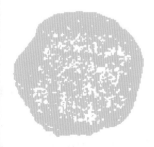

啤酒茄汁燉肋排便當

主菜：冷便當、蒸便當、保溫食物罐都適合

偶然一次用啤酒燉肉後，發現不需要太多醬油也能漂亮上色。燉煮過的肉類非常軟嫩，即使是很厚實的肋排，也能入口即化，相當適合我家喜愛軟肉食的男兒們。醬汁中加入了番茄醬，燜過後微紅的醬汁更吸引人。

Didi 小祕方 >>>

1 啤酒加熱不宜過久，會產生苦味。所以要適當加入糖來平衡，這裡使用的是蜂蜜。
2 黑醋可改為一半黑醋、一半巴薩米克醋，讓滋味更濃郁。
3 以酒入菜雖然會揮發掉大部分的酒精，但還是避免給嬰幼兒食用為佳。

· 沙拉醬菠菜番茄烘蛋〔P.159〕

· 涼拌黃豆芽〔P.145〕

配菜 · 涼拌四季豆木耳〔P.134〕

· 鹽漬小黃瓜〔P.150〕

· 栗子飯〔P.180〕

醬汁

· 蒜末…2大匙

· 薑末…適量

材料 · 黑醋…4大匙

醃料 · 醬油…2大匙

· 帶骨肋排…950g · 蒜泥…1大匙 · 蜂蜜…2大匙

· 洋蔥絲…200g · 醬油…少許 · 番茄醬…2大匙

· 鹽麴…1大匙（可用 · 啤酒…330ml
少許鹽＋米酒代替）

· 黑胡椒…適量

＊太白粉水：40ml水＋1/2小匙太白粉或片栗粉。

作法

1／ 肋排用醃料醃漬3小時以上（隔夜最佳），從冷藏取出
後退冰，備用。

Step 1

2／ 熱鍋後將作法1的肋排兩面煎香，再移到燉煮的鍋子
裡。放入洋蔥絲、加入醬汁。

Step 2

3／ 作法2倒入啤酒，蓋上蓋子，煮滾後
轉小火，維持微沸騰狀態，計時約40
分鐘。

4／ 時間到再加入太白粉水稍微勾芡，
再煮10分鐘後，讓作法3燜一下更上
色。

Step 3　　Step 4

懷舊
炸肉排便當

配菜
- 洋蔥荷包蛋〔P.166〕
- 醋漬小黃瓜〔P.149〕
- 蛋炒飯

醃料

鹽麴…1大匙
醬油…1大匙
蒜泥 3瓣…約15g
黑胡椒…適量

地瓜粉…適量

材料

大里肌前段切薄片…400g(約8片)

作法

1/ 大里肌前段肉片直接切成薄片,像早餐店肉排蛋那樣的厚度,斷筋後用肉槌稍微拍打一下。

2/ 將作法1的肉排醃漬30分鐘以上。

3/ 醃漬後的肉排兩面均勻沾裹地瓜粉,拍掉多餘的粉稍微反潮。

4/ 將平底鍋熱鍋後加多一點油,放入肉排利用半煎炸的方法煎熟。

5/ 等作法4的肉排底部開始變金黃色後,再翻面。

6/ 稍微瀝乾作法5的油後,將肉排切片,再撒上胡椒鹽調味即可。

曾在IG上貼出了男子宿舍的炸肉排，疊滿滿的一整盤，
發現很多粉絲都說「以前阿嬤會做這個」、
「是令人懷念的味道」，才知道原來這是一道懷舊的菜色。
做蛋炒飯時，每人加入一片懷舊炸肉排，瞬間升級為高級蛋炒飯！

NOSTALGIC TIME

主菜：冷便當、蒸便當都適合

Didi 小祕方 >>>

1 斷筋跟拍打的動作，可防止肉片在半煎炸時，因加熱收縮後的不平整。
2 沾地瓜粉後，肉片稍微靜置，讓粉吸取醃醬變得有點濕潤，即為反潮。
　　這個動作可避免半煎炸時麵衣脫落。

家常
滷排骨便當

【材料】

大里肌前段3片（厚片）…430g

【醃料】

鹽麴…1大匙
醬油…1大匙
蒜泥3瓣…約15g
黑胡椒…適量

全蛋液…1顆
地瓜粉…適量

配菜

・ 椒鹽玉米 [P.168]

・ 滷蛋、滷火腿片 [P.174]

・ 汆燙青花菜 [P.138]

・ 白飯

Let's go!

光想就要
流口水了

每次滷肉或肉燥時總會剩下一點湯汁，
過濾殘渣後可以將湯汁冷凍保存，
留待下次滷肉時當作老滷使用，
讓滷汁不需經過長時間的燉煮就能變得比較溫和。
也可加入適量的水跟醬油，稍做調整後作為滷排骨使用。
不管是滷肉、炸肉排還是滷排骨，在我們家就是秒殺主食，
加入早餐火腿片或貢丸進去滷，也很受小朋友歡迎。

作法

1／ 大里肌前段切厚片，斷筋後用肉槌稍微拍打一下。

2／ 將肉片加入醃料醃漬30分鐘以上，冷藏備用。

3／ 作法2的肉排
取出後，兩面
均勻沾上一
層全蛋液，再
沾裹地瓜粉。

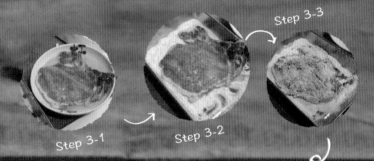

Step 3-1 Step 3-2 Step 3-3

4／ 肉片反潮後，平底鍋熱鍋加多一點油，放入作法
3的肉排，利用半煎炸的方法煎熟。

5／ 等肉排底部開始變金黃色後，再翻面繼續煎炸。

Step 4

Step 6

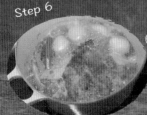

6／ 將作法5炸好的肉排稍微放涼，讓炸粉跟肉片貼合
後，再放入「家常滷肉」或「紹興滷肉燥」的滷汁中。
稍微加熱滷到炸粉軟化，吸飽湯汁即可。

咖哩蘆筍雞丁便當

主菜：冷便當、蒸便當都適合

配菜

→ ·香料烤櫛瓜〔P.144〕

→ ·十穀米飯糰〔P.181〕

材料

· 雞胸肉⋯200g
· 蘆筍⋯60g

醃料

· 鹽麴⋯1小匙
· 廚王咖哩粉⋯1小匙
· 紅椒粉⋯少許
· 醬油⋯1/2小匙
· 黑胡椒⋯少許

作法

1 / 將雞胸肉切丁,加入醃料拌勻,醃漬約30分鐘。

2 / 蘆筍削去後半段老皮後,切成段狀備用。

3 / 熱鍋後倒入適量油潤鍋,均勻地放入雞丁,煎至兩面微焦時加入蘆筍拌炒一下。

4 / 作法3加一點黑胡椒調味,即可起鍋。

Didi 小祕方 >>>

使用一般市售的的咖哩粉,
就可以輕鬆讓雞丁變化口味。
如果沒有咖哩粉就用市售咖哩塊,
先將咖哩塊稍微敲碎,
再加入熱水溶化後比較容易拌開。

吃膩雞胸肉的時候，
咖哩口味永遠都不會讓人失望。
加一點蘆筍，
多了蔬菜的清脆口感，
可以讓雞胸肉吃起來更美味。
使用鹽麴醃漬，
讓雞胸肉軟嫩不乾柴。
將蘆筍替換成甜椒也很好吃哦！

Surprise

蜜汁松阪豬便當

不管去哪裡吃飯，
只要看到「蜜汁」兩個字，
總是能吸引小朋友點餐。
甜甜鹹鹹的醬汁，
搭配不同食材的肉汁油脂，
就是個好飯友啊！
看起來似乎很難製作的蜜汁，
其實只要簡單搭配就能完成，
換成去骨雞腿排也非常棒！

配菜

‧海苔玉子燒〔P.156〕

‧小松菜炒豆皮〔P.151〕

‧洋蔥培根起司燒〔P.169〕

‧白飯

材料　‧松阪豬…2片(500g)　‧檸檬…1/4顆

醃料　‧醬油…1大匙　‧蒜泥…3瓣(15g)　‧鹽…少許
　　　‧酒…1大匙　‧蜂蜜…1大匙

作法

1／ 將松阪豬放入調勻後的醃料中,均勻塗抹,冷藏醃漬3小時。

2／ 取出作法1醃漬好的松阪豬,抹去表面多餘的醃料以防烤焦,放入烤盤、蓋上烤盤蓋。

3／ 烤箱預熱,將作法2放入烤箱以200℃烤15分鐘,開蓋再烤5分鐘上色。

4／ 作法3取出靜置放涼後,再切片,即完成。

5／ 擠上少許檸檬汁更加美味。

主菜：冷便當、蒸便當都適合

 **Didi 小祕方 >>>**

1 烤盤沒有附上蓋時，可使用鋁箔紙覆蓋，以免太快烤焦。
2 逆紋切的松阪豬口感Q中帶脆，一定要試試看。如果要用煎的代替烤箱，
　除了小心因為醬汁易燒焦之外，得先在松阪豬其中一面先用刀畫上紋路，
　以免加熱後收縮捲起，影響熟度。

Chapter 2

省時又省錢的

簡易
肉片便當

牛肉杏鮑菇便當

主菜：冷便當、蒸便當都適合

Didi 小祕方 >>>

1 換成各種不同部位的肉片都很適合。
2 菇類不加油乾煎，香氣逼人，
　讓後面的拌炒不費力就能散發香味。

利用現成的燒肉醬來做醃漬，簡單又方便，或炒或烤都很好吃！
加上剛剛好的蔬菜，就能成為豐富的主食。
調味中加入一點奶油，讓滋味更上一層樓。

· 水煮蛋〔P.163〕

· 味噌蓮藕〔P.170〕

配菜 → · 胡麻菠菜〔P.148〕

· 三角海苔飯糰

材料

· 梅花薄切牛肉片…200g
· 杏鮑菇(小)…數根

醃料

· 市售燒肉醬…1大匙
· 白芝麻粒…少許

調味

· 奶油…1小塊
· 黑胡椒…少許

作法

1 / 梅花薄切牛肉片切成一口大小,加入醃料醃漬約30分鐘,備用。

2 / 蘆筍削去後半段老皮,切成段狀;杏鮑菇將表面擦拭乾淨後,切成長片狀。

3 / 鍋子燒熱後不加油,先乾煎杏鮑菇,至微焦後取出備用。

4 / 倒入少許油潤鍋,均勻鋪上作法1的肉片,拌炒開後加入杏鮑菇。炒熟材料後,加入一小塊奶油拌勻,撒上一點黑胡椒即完成。

海苔炸雞柳條

主菜：冷便當、蒸便當都適合

不管什麼加上海苔都很好吃！帶點復古味，又有點新奇。
每次做這道料理都不夠吃，因為媽媽自己在廚房料理時，
就忍不住開始邊炸邊偷吃了。

 **配菜**

- 竹輪秋葵捲〔P.139〕
- 毛豆蛋沙拉〔P.164〕
- 杏鮑菇偽干貝〔P.172〕
- 鹽麴緞帶胡蘿蔔〔P.153〕
- 燕米飯〔P.181〕

材料

- 雞里肌…250g

醃料

- 醬油…1大匙
- 鹽麴…1小匙
- 黑胡椒…少許
- 蒜末…10g

油炸

- 海苔片
- 地瓜粉

作法

1 / 雞里肌去掉筋模，切成適當大小後用醃料醃漬30分鐘；海苔片剪成約
10X2cm，備用。

2 / 把作法1醃漬後的雞里肌，從中間包上一圈海苔片、裹上地瓜粉。

3 / 熱鍋後放入多一點的油，用半煎炸的方式將作法2的雞里肌炸熟。

4 / 將作法3瀝乾油分後盛盤，即完成。

 **Didi 小祕方 >>>**
就算不包海苔，直接煎熟也很好吃；
因為吃起來的口感有點像鹹酥雞，
一定要預防裝便當前就被偷吃光了！

蘆筍
肉捲便當

配菜
- 杏鮑菇偽干貝〔P.172〕
- 清炒彩椒〔P.154〕
- 焗烤水煮蛋〔P.163〕
- 燕米飯〔P.181〕

材料
- 粗蘆筍…6根 ・火鍋用肉片…6～12片(視長度)
- 麵粉…少許 ・鹽、黑胡椒…少許

醬汁
- 醬油…1大匙 ・砂糖…1大匙
- 味醂…1大匙 ・水…2大匙

作法

1/ 粗蘆筍清洗後，切掉底部較粗且乾的部分，再用削皮刀削掉下段較粗的外皮。

Step 2

2/ 準備薄長的火鍋肉片，攤開肉片後撒上一點鹽跟黑胡椒，再均勻撒上一點麵粉可幫助肉片黏合。

3/ 將蘆筍跟肉片斜放，用肉片將蘆筍捲起。最後肉片過長的部分，可以再換個方向斜捲回來。收口的地方撒點麵粉才不會散開。

Step 4-2

4/ 熱鍋後下一點油，將蘆筍肉捲收口朝下放入，將每面煎到金黃色後倒入醬汁均勻沾裹至收乾。

Step 4-1

Didi 小祕方 >>>

換個方式將蘆筍肉捲依序沾上麵粉、蛋液、麵包粉再半煎炸，就變成炸蘆筍肉捲。使用烤箱完成以上兩種作法也沒問題。

主菜：冷便當、蒸便當都適合

通通把它捲起來

CUTE

肉捲料理有兩種作法，可以視當天心情做成照燒口味或油炸。
使用粗蘆筍就一次捲一根，如果用細蘆筍就不用削皮，且一次可以捲上數根。
半煎炸的過程足以讓蘆筍熟透，所以不需先水煮。
前一天晚上先捲好材料，早上起床做便當時可以很快速完成。

檸檬豬肉片便當

主菜：冷便當、蒸便當都適合

日式定食中很誘人的一道料理，在家也能自己動手做。
黃檸檬的顏色不止吸引目光，
將檸檬汁用來醃肉能軟化肉質，增添清新果香。
搭配清爽簡單的小黃瓜壽司，是一道適合夏季的料理。

配菜 ····> · 奶油磨菇炒蝦仁〔P.179〕

····> · 小黃瓜壽司捲

材料

· 豬火鍋肉片…350g
· 黃檸檬…1/3顆切片

醃料

· 檸檬汁…1大匙
· 橄欖油…1大匙
· 鹽麴…1小匙
· 糖…少許

作法

1 / 火鍋肉片切成段狀，約一口大小，加入醃料及切片黃檸檬一起醃漬30分鐘。

2 / 熱鍋後加入少許油潤鍋，放入醃漬好的作法1肉片包括黃檸檬片，先將肉片鋪開煎一下，再進行拌炒。

3 / 將作法2炒好的肉片，多餘油脂瀝乾後盛盤，口感更清爽。

小黃瓜壽司卷

1 / 在壽司竹簾放上一張海苔片，再鋪一層白飯在海苔前端約2/3處。

2 / 放上切半的小黃瓜條，擠上一點美乃滋，用竹簾將壽司捲起。

3 / 刀子沾點水以防沾黏，將壽司捲切成適當長度。

LEMON
AND 🍋
PORK

蜜汁雞腿肉捲便當

配菜
- 高湯煮玉米〔P.165〕
- 黃芥末豌豆苗沙拉〔P.137〕
- 鹽麴緞帶胡蘿蔔〔P.153〕
- 薑黃娃娃菜〔P.146〕
- 芥藍菜花〔P.143〕
- 白飯
- 原味玉子燒〔P.155〕

主菜：冷便當、蒸便當都適合

材料

去骨雞腿肉…2片
玉米筍、胡蘿蔔條、蘆筍…適量
無漂白棉繩

醃料

醬油…1大匙
鹽麴…1小匙
蒜泥…1小匙
黑胡椒…少許

醬汁

醬油…1大匙
味醂…1大匙
砂糖…1大匙
水…1大匙

作法

1/ 將各種蔬菜洗淨後，切齊備用。

2/ 把去骨雞腿排攤平，肉比較厚的地方片開，增加面積；
用醃料將雞腿肉醃漬3小時以上備用。

3/ 在雞腿排前端約1/3處，
放好蔬菜材料，從頭開始
像捲壽司一樣捲起，用棉
繩綁定。

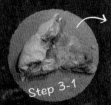

Step 3-1

Step 3-2

一開始，這道料理只出現在高中生單獨帶便當的日子。
有一次給三兄弟一起帶了，小學生們驚為天人，
才發現原來有些菜色是隱藏版，只出現在大哥的便當裡！
為公平起見，從此開始縮短前置作業，
讓這道料理能常常出現在三兄弟們的午餐中。

Didi 小祕方 >>>

1 醬汁材料因為有糖跟味酥，
煮至收乾時會變得濃稠，
要小心燒焦。

2 稍微放置放涼再切片，比較不
會散開；去骨雞腿肉事先片
開，有利於捲起來時較為平
整，也較不易整個散開。

3 沒有棉繩也可用鋁箔紙將雞腿
肉捲包起來，放入電鍋蒸熟
後，再小心拆開放入鍋子加入
醬汁烹調，幫助上色入味。

Step 6

Step 5

Step 4

4/ 熱鍋後抹一點油，將雞腿肉
捲收口朝下，先煎香收口部
位再開始翻面。花點時間把
每一面都煎香上色。

5/ 加入適量的水（分
量外），蓋上蓋子
燜煮5分鐘，至雞
腿肉捲熟透。

6/ 打開作法5的蓋子
加入醬汁後，移動
雞腿肉捲，讓肉捲
均勻沾裹醬汁入
味至收汁。

7/ 將作法6稍微靜
置放涼，再拆掉棉
線、小心的切片，
即完成。

Tomato Cheese~

主菜：冷便當、蒸便當都適合

番茄起司
雞腿排便當

配菜

→ 鹽麴蛋鬆〔P.162〕

→ 青椒午餐肉〔P.154〕

→ 白飯

材料

· 雞腿排…2片
· 鹽…少許
· 黑胡椒 少許
· 低筋麵粉…少許
· 切片番茄…1顆
· 起司絲…40g
· 巴西里…裝飾用

偷偷
藏起來

利用起司把我們家小朋友不喜歡的番茄藏在裡面。
吃起來略帶水分的番茄和雞腿排,
結合在一起讓口感更有層次。
紅色番茄的點綴,也讓平凡的雞腿排更充滿吸引力。

作法

1 / 去骨雞腿排將過厚的部分片開後,撒上一點鹽跟黑胡椒靜置5分鐘。

2 / 將雞腿排均勻撒上低筋麵粉,再拍掉多餘的粉。雞皮朝下,將兩面煎香。

3 / 番茄切半後去掉蒂頭,各自切片備用。

4 / 取出雞腿排放在烤盤上,先鋪上一層起司絲再放上番茄片;最後再鋪上
更多的起司絲,撒一點黑胡椒。

5 / 烤箱預熱,將作法4以180°C烤5分鐘,讓起司呈金黃色,最後撒上一點
新鮮巴西里末點綴。

6 / 作法5稍微靜置放涼後再切塊,才不容易變型。

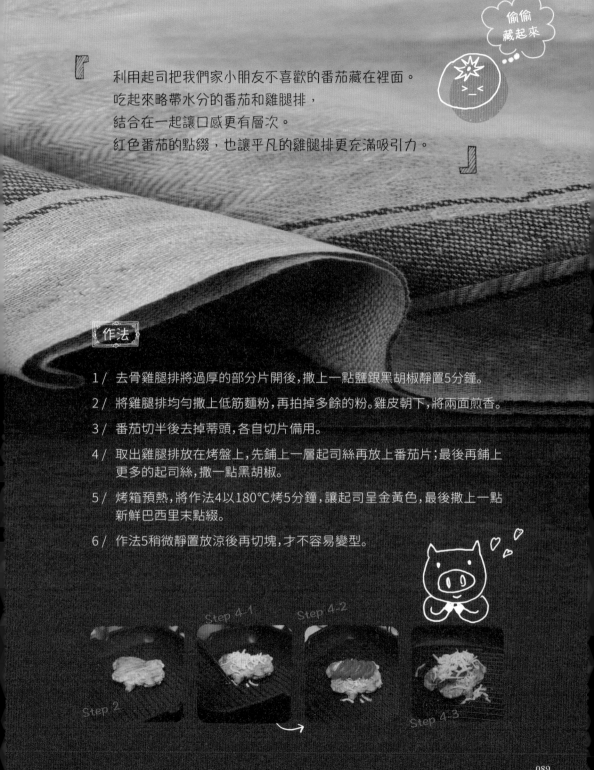

Step 4-1   Step 4-2

Step 2   Step 4-3

奶醬蓮藕
肉片便當

主菜：適合蒸便當

Didi 小祕方 >>>

1 泡了醋水後的蓮藕不易變色，
　可保留食材原本漂亮的色澤。

2 火鍋肉片已經含有油脂，
　料理時可以不用再多加油；
　用廚房紙巾吸掉鍋內多餘的油，
　才能讓成品不過於油膩。

利用家中剩餘的料理塊，讓便當菜色做更多的變化。
不管是一般咖哩還是白醬咖哩，都是省時省力的好幫手。
加入其它蔬菜一起烹煮，就色、香、味都俱全了。

材料

· 豬五花火鍋肉片…300g
· 蓮藕 …200g
· 市售白醬奶油塊…20g
· 水…適量

配菜

→ · 甜椒荷包蛋〔P.167〕

→ · 櫛瓜水管麵沙拉〔P.178〕

→ · 十穀飯〔P.181〕

裝飾

· 新鮮巴西里…適量
· 黑胡椒…適量

作法

1/ 蓮藕去皮清洗乾淨，切成半月型薄片，泡醋水10分鐘備用。

2/ 火鍋肉片切成約一口大小，備用。

3/ 熱鍋後不加油，先炒香作法2的肉片，再放入作法1蓮藕一起拌炒。

4/ 用廚房紙巾吸掉鍋內多餘的油，放入水及白醬奶油塊，融化後燜煮3分鐘。

5/ 作法4撒一點黑胡椒後盛盤，再加上新鮮巴西里末裝飾，即完成。

Step 1　　Step 3　　Step 4

Chapter 3

變化口感的

燉煮&
絞肉便當

家常滷肉便當

配菜

· 醬香奶油玉米粒〔P.165〕

· 涼拌胡麻青花菜〔P.138〕

· 滷鵪鶉鳥蛋〔P.175〕

· 白飯

我們家的滷肉不喜歡用滷包、也不加香料，偶爾會放好吃的油蔥一起入味。

滷肉最重要的是紹興酒，用紹興酒滷滷東西。

一開始會有一點臭味，但是滷完就沒有了。

紹興酒滷滷肉完成後的醬汁裡，可以嚐到微甜的焦糖味。

剛開始接觸料理時，沒有勇氣做將肉塊過油的步驟，所以嘗試了先汆燙或是直接用鍋子煎，最後用水波爐進行「油拔」後定型的步驟。

一再精簡後，變成現在只需要好肉、好糖、好醬油、好酒，就能呈現單純美味的家常滷肉。

材料
- 厚切五花肉(厚約3cm)…1000g
- 紅冰糖或二砂糖… 2大匙 ・ 熱水…1大匙

 調味料
- 醬油…40ml ・ 陳年紹興酒…300ml ・ 味醂…30ml
- 蔥…1小把綁成團 ・ 大辣椒…一支 ・ 水…200ml

作法

1/ 將五花肉條用廚房紙巾吸乾表面水分,並切成適當寬度備用。

2/ 熱鍋後將切塊的肉塊排列好,油層跟瘦肉部位整成方形,放入鍋中,把兩面稍微煎過去油定型。

3/ 取出煎好的肉塊瀝油、吸掉鍋裡大部分的油脂,在鍋中放入冰糖2大匙,轉小火等冰糖融化,再轉呈微焦色時,從側邊倒入1匙熱水(要小心噴濺)。

4/ 待作法3熱水跟焦糖融合成焦糖液後,把肉塊放回去兩面都煎上糖色。

Step 2

Step 4

Step 5

Step 6

Step 7

5/ 將作法4放入蔥團跟大辣椒一根,加入調味料後將水補到稍微淹過食材。

6/ 蓋上蓋子開火燉煮,滾了之後轉小火,成微沸騰狀態計時50分鐘,燉煮到醬汁有點濃稠狀、肉塊也上色即可。

7/ 熄火後讓作法6燜著,直到晚餐前再開火重新滾一次,煮個15分鐘即可開飯。

Didi 小祕方 >>>

1 藉由燜的動作可節省能源也更Q軟。
　不同的糖會影響甜度,也會影響醬油的使用量。
2 單次滷肉剩餘的滷汁,過濾後冷凍保存,下回再滷就可以當老滷使用;老滷可讓第一次滷製的醬汁溫和許多,像隔夜更入味溫潤的味道;滷過油豆腐的醬汁就不適合留著做老滷了,因為油豆腐易使醬汁酸敗。
3 使用不同醬油比例稍有不同,要自己試看看囉。

紹興
滷肉燥便當

> 絞肉的肥瘦比例可依自己喜好，
> 我喜歡用豬梅花肉加一條五花
> 或一塊油皮一起絞丁，
> 帶有一點油脂比較好吃，
> 但又不想完全用五花肉。
> 肉燥因為要拌飯或拌麵一起吃，
> 所以調味時要偏鹹一點點才剛好。
> 澆淋在各種中式料理上很加分，
> 分裝冷凍備用也很方便，
> 是家中必備的常備菜。

主菜：蒸便當或食物保溫罐都適合

材料

絞肉丁（梅花＋五花絞肉）…1000g
蒜末…5瓣

調味料

油蔥酥…50g（分兩次加）
砂糖…2大匙
白胡椒…適量（1/2小匙）
味醂…30ml
醬油…100ml

陳年紹興酒…200ml
水…200ml
長辣椒…1根
蔥段…2根

1／ 熱鍋後把絞肉倒進鍋子裡，鋪平加熱，當底部開始變色時，稍微拌炒一下翻面；差不多半熟時，倒入蒜末爆香，拌炒均勻。

Step 2

2／ 加入調味料：一半分量的油蔥酥、砂糖、白胡椒、味醂、醬油，拌炒均勻讓絞肉上色。

Step 3

3／ 將作法2加入紹興酒和水，放入一根不辣的長辣椒跟一小捆蔥。

4／ 作法3蓋上蓋子燜煮30分鐘。時間到加入另一半分量的油蔥酥，試一下味道是否要增減，再繼續燉煮30分鐘。

Step 4

5／ 再次打開作法4的蓋子，撈掉表面浮油，接下來打開蓋子持續用小火燉煮，讓滷汁收汁。

6／ 當水分減少到食材以下時，適當加入熱水讓它繼續燉煮，再收乾至你想要的濃稠度。

Step 7

7／ 最後加入水煮蛋跟已完成的滷汁一起浸泡，至上色入味即完成。

番茄
肉醬麵便當

配菜
- 汆燙青花菜〔P.138〕
- 水煮蛋〔P.163〕
- 義大利麵

材料
- 洋蔥…1顆切丁　・牛絞肉…700g(豬、牛絞肉都可以)
- 蒜末…5瓣　・起司片、起司粉…350g

調味料
- 義大利麵醬…半罐　・鹽麴…1匙(鹽1小匙)
- 味醂…2大匙　・水…200ml　・醬油…1大匙

香料
- 綜合義大利香料…1大匙　・黑胡椒…少許

作法

Step 2-1

Step 2-2

1/ 熱鍋後將洋蔥丁炒至半透明,再加入蒜末一起爆香。

2/ 作法1放入絞肉一起拌炒,至逼出油脂且有香味後加入調味料,加水稍微淹過材料即可。

3/ 作法2蓋上蓋子,待滾後轉小火,繼續燉煮20分鐘。

Step 3

4/ 取100g義大利直麵放入長型容器中,倒入500ml的過濾水,完整的浸泡義大利麵。蓋上蓋子後冷藏,浸泡時間約2~6小時,浸泡時間會影響後續煮麵的時間。

5/ 煮一鍋滾水,放入少許鹽。取出作法4的義大利麵,放入滾水中煮1~2分鐘即可撈起瀝乾。

6/ 將作法3攪拌一下,加入香料,再燉煮15分鐘,最後取適量肉醬與作法5完成的義大利麵拌勻,即完成。

7/ 趁熱放上起司片,加一點起司粉即完成。

這是個懶人番茄肉醬，使用市售的義大利麵醬，再加入大量的絞肉燉煮而成。
不管是用來做番茄肉醬義大利麵、番茄肉醬焗烤飯、淋在烤馬鈴薯上再加雙倍起司、
熱壓三明治的配料、加在高湯裡變成茄汁口味等，是大人小孩都喜愛的極致美味！

Didi 小祕方 >>>

1 因為要拌麵或是做焗烤變化使用，所以調味時要偏鹹一些，水分不要太多才會剛好。
2 可使用新鮮番茄切塊，再加一點自製番茄醬燉煮，代替市售義大利麵醬。
3 使用新鮮番茄時調味可能要調整，同時使用不同種類的番茄可以讓味道更溫和。
4 我習慣在上一餐將義大利麵泡起來放，不同種類的麵泡水時間不一，
　特殊造型的義大利麵浸泡時間可能要縮短。

番茄燉牛肋便當

Didi 小祕方 >>>

1 喜歡吃番茄口感可在最後放入新鮮番茄，減少燉煮時間保留塊狀。這樣就有滿滿茄紅素的湯汁跟漂亮的番茄了！

2 煎牛肋時如果表面撒一點麵粉，也有助於湯汁的濃稠。

主菜：蒸便當或食物保溫罐都適合

買了牛肋又剛好有一袋新鮮番茄，就來燉一鍋吧！
簡單的食材，加上大量番茄燉煮後的風味特別迷人。
把番茄燉煮到有點看不見、變成濃郁的湯汁，輕鬆攝取健康的茄紅素。
藉由家裡每次開了都用不完的麵醬，增加味道的層次，既省事又省力。
最意外的是，在IG曾引起千人實作分享，
很多跟我一樣不愛番茄入菜的朋友們都被征服了！

材料

- 牛助條…650g · 新鮮番茄…3～4顆 · 蒜末…20g · 薑末…15g
- 洋蔥切塊1顆…約170g · 義大利麵醬…約100g
- 砂糖…1大匙 · 醬油…1又1/2大匙 · 米酒…50ml
- 開水淹過食材即可…約300ml

配菜

· 白飯

· 油漬菇奶油白菜〔P.152〕

· 海苔玉子燒〔P.156〕

作法

1 / 牛肋條切成適當大小，表面撒上一點鹽跟黑胡椒，靜置5分鐘。

2 / 熱鍋後把牛肋煎一下，至表面微焦，再加入蒜末、薑末拌炒一下爆香，最後加入洋蔥塊拌炒至洋蔥呈半透明。

3 / 將作法2倒入米酒，再加水稍微淹過食材，或低於一些即可。

4 / 放入1又1/2大匙醬油平衡酸味，加入義大利麵醬與砂糖，稍微攪拌一下，蓋上蓋子燉煮30分鐘。

5 / 作法4打開拌勻，試味道，接著放入切塊的新鮮番茄，再將番茄煮到自己喜歡的口感即完成。

Step 2

Step 3

Step 4

Step 5-1

Step 5-2

媽媽味

瓜仔蒸肉便當

主菜：適合蒸便當

材料

· 豬絞肉(粗)…350g
· 市售脆瓜…60g
· 大蒜…5瓣
· 脆瓜醬汁…2大匙
· 醬油…1大匙
· 蔥花…1根
· 蔥末或香菜…適量

配菜

· 咖哩毛豆竹輪〔P.140〕
· 鹽麴緞帶胡蘿蔔〔P.153〕
· 薑黃娃娃菜〔P.146〕
· 白飯

Didi 小祕方 >>>

選擇粗絞肉跟細絞肉的口感不同，
可依個人喜好選擇使用；
前一天先做好，隔天再復熱更美味。

作法

1/ 將市售脆瓜跟湯汁分開，備用。

2/ 把脆瓜跟大蒜都切碎，跟蔥花一起放入絞肉盆內。加入醬油、脆瓜醬汁，把材料混合均勻，直到產生黏性。

3/ 把作法2的肉餡鋪平在蒸盤上，用刮刀劃分成方型塊狀。

4/ 作法3放入電鍋中，電鍋外鍋倒入1.5杯水，跳起後燜一下，再重複倒入1.5杯水，再蒸一次。

5/ 將完成後的作法4加入一點蔥末或香菜提味，更完美。

Step 2-1

Step 2-2

Step 3

Step 4

為了方便帶便當，將母親傳授給我的肉丸子，
改成用琺瑯盤平鋪的方式，我們家習慣不加蛋攪拌也不放鴨蛋。
選擇多一點油脂的絞肉讓肉汁更美味，蒸肉也不乾柴。
脆瓜本身帶有鹹度，所以調味不用過多，是很輕鬆的料理。

泰式打拋豬便當

主菜：冷便當、蒸便當都適合

配菜
· 甜椒荷包蛋〔P.167〕
· 香料松本茸
· 燕米飯〔P.181〕

材料
· 豬絞肉…350g · 蒜末…6瓣（約30g）
· 辣椒…少許 · 小番茄…適量 · 九層塔嫩葉…1大把
· 松本茸…100g · 黑胡椒…適量

醬汁
· 醬油…1.5大匙 · 蠔油…1大匙 · 魚露…1.5大匙
· 砂糖…1小匙 · 酒…1大匙 · 檸檬汁…1大匙

作法

1／ 將醬汁材料（檸檬汁除外）均勻調和備用；小番茄切半、九層塔洗淨瀝乾水分，備用；另外準備1大匙檸檬汁。

2／ 松本茸切成1cm的片狀，熱鍋後不加油，直接乾煎至松本茸微縮，略帶焦色時翻面，最後撒上黑胡椒調味。

3／ 另起一鍋，熱鍋下油後把絞肉鋪平，等底部肉開始熟了，邊切邊拌將絞肉炒開。

4／ 將作法3加入蒜末及辣椒爆香，這樣比較不怕蒜頭炒焦產生苦味。

Step 3-1

Step 4

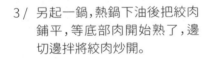

Step 5-1

Step 5-2

Step 5-3

5／ 作法4加入醬汁拌炒入味，放入番茄跟九層塔再炒一下，起鍋前再加入1大匙檸檬汁拌勻即可。

「絞肉料理向來都是下飯組的常勝軍，
將絞肉換個口味變成泰式打拋豬，一樣不費工夫。
打拋豬還能變化成烘蛋或加入義大利麵，
吃法多樣，還能偷渡小孩不愛吃的小番茄。
三兄弟已進入可以稍微吃點辣的階段，
所以加點辣椒是必要的。」

Didi 小祕方 >>>

1 醬汁可依各家醬油濃度調整，建議大家熟悉自家醬油鹹度後，再做調整。
2 冷凍庫中可常備分裝的檸檬汁，調味使用非常方便。

日式 炸肉餅便當

主菜：適合冷便當

MADE for YOU

BENTO

・青花菜筆管麵沙拉〔P.178〕

配菜 ・・・・ 涼拌紫洋蔥秋葵〔P.139〕

・燕米飯〔P.181〕

材料

牛絞肉…200g
豬絞肉…200g
洋蔥…1顆切丁

調味料

鹽麴…1大匙
胡椒粉…少許
肉豆蔻粉…1/4小匙
麵包粉…2大匙
牛奶…2大匙

麵衣材料

麵粉…100g
雞蛋…2顆（打散）
麵包粉…100g

炸肉餅可以是點心，也可變化成三明治或免捏壽司，當主食更沒問題。
因為加了肉豆蔻粉而帶點異國風味，擔心不適應香料的話，
可以先少量添加試試看。要注意的是炸肉餅內餡使用的是生洋蔥丁，
剛炸好時的肉汁加上洋蔥的甜相當美味！但要注意，如果生肉餡做得太多，
冷凍保存時也會因此軟化出水，而變得濕軟容易變型。

作法

1/ 牛絞肉、豬絞肉與洋蔥丁拌勻即可，
不用過度攪拌。

2/ 加入泡過牛奶的麵包粉調整肉餡黏
度，以適量鹽麴、胡椒粉、肉豆蔻粉
調味。

3/ 將肉餡分為6等份，捏成約2cm高的
肉餅狀，稍微甩打一下，拍出空氣。

4/ 將肉餅依序裹上麵粉、蛋液、麵包
粉，以180℃油溫炸到二面呈金黃，
最後瀝乾油分即完成。

Didi 小祕方 >>>

1 肉餡若過於濕黏不好甩打整型，
可先將雙手抹上一點油再進行。

2 肉豆蔻有粉狀跟顆粒狀，前者方便使用，
後者需在使用前研磨，研磨後的風味較溫和。

Chapter 4

滴家祕傳的

創意
經典便當

主菜：適合 冷便當

日式唐揚炸雞便當

配菜
- 泡菜玉子燒〔P.158〕
- 櫛瓜水管麵沙拉〔P.178〕
- 炸雞三角飯糰〔P.112〕

材料

- 雞胸肉…400g
- 玉米粉…適量

醃料

- 飛魚高湯醬油…2大匙
- 鹽麴…2小匙
- 黑胡椒…少許

作法

1/ 將雞胸肉切成適當大小，用醃料醃漬3小時，備用。

2/ 加熱油鍋至180℃，將醃漬好的作法1雞肉裹上玉米粉，油炸至呈金黃色澤。

3/ 作法2炸好的雞塊瀝乾油分，即完成。

| Step 1 | Step 2-1 | Step 2-2 | Step 2-3 |

Didi 小祕方 >>>

1 沾裹的粉使用太白粉（片栗粉）或玉米粉都可以；使用玉米粉可在冷便當時，
  讓炸雞塊較能維持酥脆口感。

2 也可使用去骨雞腿排或雞里肌，不同口感的炸雞塊都很迷人。

3 飛魚高湯醬油可以用鰹魚醬油代替。

炸雞塊時，飛魚高湯的調味飄出濃濃和風味。
一邊注意著火力，一邊想著等下做完三兄弟的便當，
就順便捏兩個炸雞飯糰犒賞自己當午餐吧！
清晨五點半的廚房，飄出陣陣香氣，
讓我已經開始想偷吃午餐，
配上美乃滋是我們家最愛的吃法。

炸雞三角飯糰

主菜：適合 冷便當

Didi 小祕方 >>>

捏飯糰時，
雙手稍微沾濕比較不黏手，
再抹上一點鹽巴，
就算只是白飯糰也美味，
鹽巴還能夠幫助飯糰保存。

材料

炸雞塊…適量
白飯…適量

作法

1/ 將米飯先均分為需要的分量，稍微放涼至微溫。

2/ 雙手沾濕後抹上一點鹽，取出適量的飯，在飯的上方放上一塊炸雞塊，
讓炸雞塊稍微露出，捏成三角飯糰。

3/ 包上海苔片、附上美乃滋，是我們家最受歡迎的吃法。

炸豬排
免捏飯糰

配菜
- 奶油香料馬鈴薯〔P.173〕
- 鹽漬小黃瓜〔P.150〕
- 小番茄

主菜：適合 冷便當

材料

炸豬排…1片（參考P.50食譜）
白飯…320g
壽司用海苔片…2片
鹽麴緞帶胡蘿蔔…適量
汆燙青花菜…適量
市售中濃豬排醬

作法

1/ 將米飯稍微放涼至微溫,炸豬排切成適當大小,約5x5cm的片狀。

2/ 海苔片中間放上放約80g的白飯,呈正方形,稍微壓平。

3/ 依序放上炸豬排、淋上市售中濃豬排醬、放上鹽麴緞帶胡蘿蔔、汆燙青花菜,再蓋上一層白飯後,用海苔片四邊向內包覆成正方形。

4/ 反過來放置一下,待海苔稍軟,完全貼合,最後從免捏飯糰中間切開,即完成。

Didi 小祕方 >>>

可使用保鮮膜來輔助包飯糰,
就不用擔心包失敗;
放材料時,如果有條狀材料,
想要切面好看就要注意切的方向。

step 2   step 3

粉蒸松阪豬便當

下飯又不用顧爐的電鍋料理首選，就算是新手也不容易失敗。
略帶油脂的肉類最適合做這一道，使用排骨、五花肉或松阪豬都適合。
底下的芋頭塊可以換成地瓜或南瓜，美味程度不輸給主角松阪豬

材料

松阪豬⋯450g
市售粉蒸粉⋯25g
炸芋頭塊⋯200g
蔥末或香菜末⋯適量

醃料

醬油⋯1小匙
米酒⋯1小匙
蒜末⋯1大匙

配菜

- 滷油豆腐香菇〔P.174〕
- 鹽麴蛋鬆〔P.162〕
- 白飯

作法

1 / 松阪豬切成適當大小，加入醃料醃漬30分鐘。

2 / 將作法1的松阪豬肉塊，均勻裹上粉蒸粉，備用。

3 / 蒸盤底鋪上炸過的芋頭塊，再放上松阪豬肉塊，放入電鍋中，外鍋放2杯水蒸兩次至熟透即可。

4 / 盛盤時，撒上適量蔥末或香菜末，即完成。

Didi 小祕方 >>>

1 市售的粉蒸粉已略有調味，所以醃料不需放太多。

2 使用松阪豬因為沒有骨頭，所以不占便當的位置，可以吃到滿滿的肉。

3 將松阪豬肉塊放入塑膠袋中，倒入粉蒸粉後，在袋中留有空氣時捏好收口，
　搖晃塑膠袋，就可以輕鬆的讓肉塊均勻沾裹粉蒸粉。

· 高湯煮玉米〔P.165〕

· 鹽麴緞帶胡蘿蔔〔P.153〕

· 鹽漬小黃瓜〔P.150〕

· 青椒午餐肉〔P.154〕

配菜

· 白飯

主菜：冷便當、蒸便當都適合

格紋起司
漢堡排便當

家家都有自己特有的漢堡排配方，我們家的漢堡排因為採買關係，
通常都只使用豬絞肉，偶爾偷偷加入牛絞肉，就會被發現更美味。
漢堡排還是得牛豬參半才好，既有油脂又有牛肉的香味，
加上起司就是小朋友的最愛了。多做一點漢堡排，
用烘焙紙隔開冷凍備用，壓扁做成肉排三明治當早餐也很方便。

 牛絞肉…350g ・豬絞肉…350g ・洋蔥丁…200g
麵包粉30g＋鮮奶70ml ・蛋…1顆 ・鹽麴…2大匙 ・黑胡椒…適量
雙色起司片…各6片

 市售中濃醬…2大匙 ・番茄醬…1大匙 ・水…適量 ・砂糖…1小匙

作法

Step 1

1/ 洋蔥丁炒到半透明後，
繼續炒到呈少許焦糖
色，放涼備用。

2/ 絞肉加入放涼的洋蔥丁、鹽
麴、黑胡椒、浸泡過鮮奶的麵
包粉、全蛋1顆，攪拌至肉餡產
生黏性，分成6～8等份。雙手
拋甩擠出肉餡內空氣，揉成一
個緊密的圓餅。

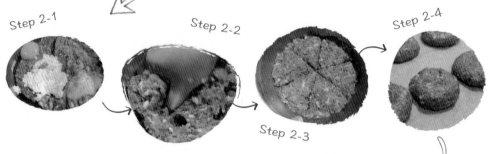

Step 2-1　　**Step 2-2**　　**Step 2-4**

Step 2-3

3/ 熱鍋後抹一點油，放入漢堡排並在漢堡排中間
部位下壓一個凹洞，將兩面煎過封鎖肉汁、再
加一點水蓋上蓋子蒸煮5～8分鐘至全熟。

Step 3

Step 5

4/ 用竹籤在漢堡
排上戳一下，
若流出的湯汁
是清澈的就代
表熟了。

5/ 取出漢堡排後，利用鍋內漢堡
排的肉汁再加入醬汁材料，煮
至均勻濃稠後即為漢堡醬汁。

6/ 將作法5醬汁淋上後，趁熱在漢
堡排放上起司片，更增添美味。

Didi 小祕方 >>>

1 鹽麴可使漢堡排肉餡更易黏稠，減少甩打的時間；
甩打時擠出肉餡內的空氣，可減少加熱後破裂的可能。

2 下鍋時，記得將漢堡排中心壓出一個凹洞，經過加熱後會膨脹；
燜煮的過程，可讓漢堡排中心完全熟透。

編織起司的作法

1 / 取兩片不同顏色的起司片，各切成5條長條。

2 / 放在烘焙紙上，將不同色的起司長條交錯，編織成格紋。

3 / 過程中若起司斷裂也沒關係，放在熱食上稍微融化後也看不出來痕跡。

Step 1

Step 2-1

Step 2-2

Step 2-3

Step 2-4

各種醬汁變化

1 / 利用鍋內漢堡排的肉汁再加入市售中濃醬、番茄醬（2:1）、少許砂糖，煮至均勻濃稠後即為漢堡醬汁。

2 / 蘑菇炒香後，加入少許紅酒，煮至酒味蒸發再加入番茄醬、砂糖。視情況加一點水，並加入鹽巴跟黑胡椒，即為紅酒蘑菇醬。

3 / 更陽春版的醬汁，在鍋內漢堡排肉汁中加入少許醬油、奶油、味醂煮至濃稠即可。

滴家美味煎餃便當

從媽媽那裡學來的自家水餃，吃起來跟外面賣的都不一樣。
能吃到肉跟高麗菜的口感，做成煎餃剛起鍋時，還得小心噴汁！
配上辣椒醬油，一餐吃掉60個水餃也不誇張，
滿滿的水餃大軍轉眼間就秒殺了。
附帶著意猶未盡的感覺，這就是家的味道。

DIDI HOUSE

Didi 小祕方 >>>

1 水餃肉餡準備得太多時，可以用春捲皮包起油炸，或直接煎成肉餅。
2 使用洗衣袋是媽媽教我的小技巧，也可直接用手擰乾。不過度脫水是自家製的特色，
  未使用完的內餡不適合冷藏太久，否則容易出水，會比較不好包。

配菜 ────➤ ・涼拌鮪魚青花菜

　　　 ────➤ ・鹽麴緞帶胡蘿蔔〔P.153〕

材料

・高麗菜切碎末…300g
・胡蘿蔔絲…75g
・芹菜末…60g
・蔥末…20g
・豬絞肉(粗絞)…600g
・水餃皮…50片

調味料

・醬油…1大匙
・鹽麴…2大匙(或鹽1小匙)
・香油…1大匙
・白胡椒粉…1小匙
・薑末…15g

麵粉水

・水:低筋麵粉(10:1)
・油…少許

作法

1/ 高麗菜碎末撒一點鹽,翻攪一下,靜置10分鐘去除青味;將高麗菜絲放進大網目的洗衣袋,把多餘水分擠掉。

2/ 將作法1與所有材料放在一起,加入調味料攪拌均勻,不需過度攪拌。

3/ 煮一鍋水,攪拌完包一顆煮來試吃味道,看需不需要調整口味濃淡。

4/ 取適量的肉餡來包餃子,剩下的肉餡先密封冷藏,以避免變質。

Step 1-1

Step 1-2

Step 2-1

Step 2-2

Step 4

煎餃作法

1/ 平底鍋開中小火,淋上一點油,把水餃擺進去(冷藏或冷凍水餃都可以)。

2/ 加入調和好的麵粉水,倒入約至水餃1/3高度即可。蓋上鍋蓋計時8～10分鐘(時間和水量有關),時間到看一下底部上色沒,水分太多就打開蓋子煮乾。

家庭式大阪燒便當

主菜：冷便當、蒸便當都適合

Osaka Castle

偶爾想換換口味的時候，就選擇大阪燒吧！
「お好みき」的意思，就是把喜歡的材料都拌在一起，
最簡單的是只加入高麗菜跟肉片。
可以視情況加入喜歡的食材，加點海鮮更是豪華澎湃。
孩子們總說，不管什麼東西加了大阪燒醬跟美乃滋就是好吃！

配菜 ----> ·咖哩毛豆竹輪〔P.140〕

----> ·汆燙青花菜〔P.138〕

材料

· 五花火鍋肉片…100g
· 高麗菜絲…50g

麵糊材料

· 低筋麵粉…20g
· 水…1大匙
· 烹大師或高湯粉…少許
· 鹽…少許
· 蛋…1顆

醃料

· 市售大阪燒醬…1大匙
· 日式美乃滋…1大匙
· 柴魚片…適量
· 海苔粉…適量

作法

1 / 高麗菜洗淨、切絲備用。

2 / 準備一個大盆將麵糊材料調好，不用過度攪拌調勻即可。

3 / 把作法1放入作法2，跟麵糊拌勻，打入1顆蛋稍微拌開。

4 / 熱鍋後刷油，把大阪燒材料集中成圓形放入，壓緊實些再鋪上肉片。

5 / 蓋上蓋子小火煎至底部金黃後翻面，同樣煎到金黃色即可起鍋。

6 / 表面依序刷上大阪燒醬、擠上日式美乃滋，再用筷子畫過拉出花樣，
最後撒上柴魚片跟海苔粉切片即完成。

Step 4

Step 5

Didi 小祕方 >>>

1 蓋上蓋子燜煮，比較容易讓大阪燒熟透。
2 加入一點高湯粉，讓味道吃起來更像餐廳販售的大阪燒。

雞里肌串燒便當

配菜 ──→ ·毛豆蛋沙拉〔P.164〕

·生菜

材料（大約8串）
·雞里肌…400g ·杏鮑菇…4根 ·紫洋蔥…1/2顆 ·青甜椒…各半顆

醃料
·醬油…1大匙 ·蒜泥…15g ·鹽麴…2大匙
·蒙特婁雞肉調味料…1小匙 ·紅椒粉…少許

作法

Step 1

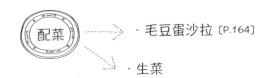

1/ 雞里肌切成適當塊狀,以醃料
醃漬30分鐘,備用。

Step 2

3/ 熱鍋後刷一點油,把作法2的串燒
放入平底鍋中,小心的移動將每
一面都確實煎熟。

Step 3-1

Step 3-2

2/ 把全部食材切成大小一
致的塊狀,再將不同的
食材間隔以竹籤串起。

4/ 可以隨意刷上一點喜歡的
串燒醬,或直接吃原味。

Didi 小祕方 >>>

1 使用烤箱時,先將竹籤泡水後再串入食材,
用鋁箔紙將竹籤露出的部位包起來,以防燒焦。
自家食用就用不鏽鋼串比較環保哦!
2 前一天先備料串好,早上直接下鍋煎,可節省時間快速完成豪華便當。
3 食材盡量切成大小一致較好熟透,不易熟的部位,
可以加入少許水以燜煮的方式讓它熟透。

主菜：冷便當、蒸便當都適合

Mid-Autumn
Festival

　　小時候每年中秋節家裡的烤肉活動，
一定是整年度最期待的節日，因此長大後每到中秋還是會想回家。
在不方便也不適合隨便戶外烤肉的台北，
就準備家庭式的串燒，來製造專屬的的中秋節回憶。
跟喜歡的蔬菜一起串，一口雞肉一口蔬菜，營養跟口感都滿分！

美乃滋雞肉丸便當

配菜 ┈┈→ · 黃芥末豆苗彩椒沙拉〔P.137〕
   ┈┈→ · 奶油香料馬鈴薯〔P.173〕
   ┈┈→ · 香料烤櫛瓜〔P.144〕
   ┈┈→ · 白飯

主菜：冷便當、蒸便當都適合

材料

雞胸肉（或雞絞肉）…300g
美乃滋…3大匙
片栗粉（太白粉）…2大匙
薑末…1小匙
蔥末…2根

作法

Step 1

1/ 將雞胸肉切成小塊後，跟其它材料一起放入調理機中，打成泥狀。

Step 2

2/ 察看一下調理機，有沒有均勻攪成泥狀，再取出。

3/ 將作法2的肉泥取出後鋪平，均分為9份，捏成肉丸子。

Step 3

有時總會失手一口氣買了太多雞胸肉，除了乾煎等作法，也會想變換一下口味。
將雞胸肉做成圓滾滾的肉丸子，串成一串串，讓便當變得更加可愛。
這道也是很適合孩子們外出野餐攜帶的料理。

醬汁

酒 1…大匙

味醂… 1大匙

醬油… 1大匙

芝麻粒…少許

Didi 小祕方 >>>

1 沒有調理機時，
　也可用刀剁碎雞胸肉後
　再稍微剁泥跟其它食材混合。

2 使用美乃滋跟片栗粉，
　調整肉泥的黏稠度；
　最後的醬汁可以自行變化口味。

Step 4

Step 5

4／ 熱鍋後加入少許油，
　　放入稍微壓扁的肉
　　丸子，把兩面煎熟。

5／ 作法4倒入醬汁繼續加熱，至收乾並上色。

6／ 用竹籤串起肉丸子，最後撒上一點芝麻粒
　　即完成。

美乃滋咖哩
炸雞翅便當

Didi 小祕方 >>>

1 進烤箱時醬料如果多一點就會比較濕潤，沒有酥脆的表皮但有更濃郁的醬料。
  喜歡哪一種口感，可以自己多嘗試看看。

2 不同的咖哩粉也會影響成品色澤，紅椒粉除了調整味道之外，
  也能幫助上色。

有時候相同食材不想做一樣的料理，

就會在調味料區來來回回的檢查，看看還有什麼可以運用的。

美乃滋成分裡含醋，除了可以軟化肉質之外，

也是做偷懶炸物時很好的麵衣沾附材料。

唯一要注意的是，美乃滋不容易直接跟醬汁拌勻，

所以可以先加入其它醬汁做醃漬後，再均勻塗抹適量的美乃滋。

進烤箱前，先把多餘的醬料抹掉，比較能烤出酥脆表面。

材料

· 雞翅…9隻

醬料

· 醬油…1小匙
· 蒜泥…3瓣
· 咖哩粉…1小匙
· 紅椒粉…少許

· 日本美乃滋…1大匙

配菜

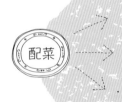

→ 油漬番茄青江菜〔P.141〕

→ 焗烤水煮蛋〔P.163〕

→ 茄汁炒飯

作法

1／ 雞翅背面沿著骨頭部位，
　　輕劃兩刀幫助入味。

2／ 將醬料跟雞翅一起抹勻，
　　再均勻塗上美乃滋，醃漬
　　30分鐘，備用。

3／ 把雞翅上多餘的醬料
　　抹掉，排好放入烤盤。

Step 3

Step 4

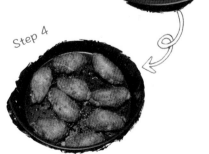

4／ 烤箱預熱，以180℃
　　烤12分鐘，至表面
　　微焦即完成。

泡菜
雞翅便當

配菜 ┄┄┄→ · 汆燙青花菜〔P.138〕

┄┄┄→ · 奶油蘑菇炒蝦仁〔P.179〕

→ · 白飯

材料

· 雞翅…8隻 · 鹽…少許 · 黑胡椒…少許

· 泡菜…100g

· 砂糖…1小匙 · 醬油…2小匙

作法

1 / 雞翅背面沿著骨頭部位輕劃兩刀，撒一點鹽跟黑胡椒，靜置5分鐘。

2 / 加入一半分量的泡菜跟雞翅一起醃漬30分鐘。

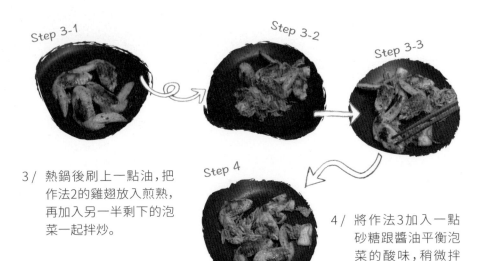

Step 3-1　　Step 3-2　　Step 3-3　　Step 4

3 / 熱鍋後刷上一點油，把作法2的雞翅放入煎熟，再加入另一半剩下的泡菜一起拌炒。

4 / 將作法3加入一點砂糖跟醬油平衡泡菜的酸味，稍微拌炒後即可起鍋。

 Didi 小祕方 >>>

要加入起司絲的話，記得在作法4起鍋之前哦！

偶爾想吃一點重口味，
最簡單上手的就是泡菜。
利用一半分量的泡菜一起醃漬入味，
酸辣噴香的雞翅，
要當下酒菜也沒問題。
想讓小朋友一起吃嗎？
不妨在最後加入一點起司絲，
藉由起司融化後的奶香緩和辣度，
保證讓孩子們愛不釋口！

Chapter 5

不復熱也美味的

家常
配菜

涼拌
四季豆木耳

材料

· 四季豆…150g
· 新鮮小木耳…100g
· 辣椒皮…1根

醬料

· 蒜泥…2小匙
· 香油…2小匙
· 砂糖…少許

作法

1/ 四季豆去掉頭尾兩端,豆絲去除後切段,備一鍋滾水加少許鹽,
　　放入四季豆汆燙至水再次沸騰,撈起冰鎮;放入新鮮的小木耳,
　　汆燙1分鐘或直到水再度沸騰。

2/ 四季豆跟小木耳都冰鎮後瀝乾水分,放入大碗中。

3/ 調好醬料淋入作法2,放入切絲的辣椒皮一起拌勻即可。

配菜 ·02· 涼拌 蟳味棒四季豆

材料

· 四季豆…100g
· 蟳味棒…3根

醬料

· 蒜泥…1小匙
· 香油…1小匙
· 砂糖…少許

作法

1 / 四季豆去掉頭尾兩端，豆絲去除後切段，備一鍋滾水加少許鹽，放入四季豆汆燙至水再次沸騰，撈起冰鎮。

2 / 拆掉蟳味棒包裝，撕成絲備用。

3 / 四季豆冰鎮後瀝乾水分，跟蟳味棒絲一起放入大碗中。

4 / 將醬料調勻後淋上作法3，拌勻即可。

Didi 小祕方 >>>

蟳味棒冷凍前已是熟魚漿製品，若不放心的話也可以汆燙一下。

配菜
·03·

起司蘆筍

材料

· 粗蘆筍…150g
· 橄欖油…適量
· 起司粉…適量
· 蒜泥…2瓣
· 黃檸檬片…2片
· 檸檬汁…10ml
· 黑胡椒…少許
· 粗辣椒粉…少許

作法

1/ 蘆筍用削皮刀去掉下半部較硬的皮,切成長段備用。

2/ 準備一鍋滾水,加入一點鹽,將蘆筍根先汆燙10秒,再放入其它部位一起汆燙30秒。

3/ 取出作法2冰鎮,瀝乾水分,放上檸檬片、蘆筍,淋上一點橄欖油、檸檬汁、蒜泥、黑胡椒、起司粉。

4/ 最後加上粗辣椒粉,增加顏色即可。

配菜·04 黃芥末豌豆苗沙拉

材料

- 豌豆苗…80g
- 黃甜椒…50g
- 紅甜椒…50g

醬料

- 黃芥末醬…2小匙
- 美乃滋…2小匙
- 黑胡椒…少許

作法

1 / 黃、紅甜椒洗淨切成細長條狀,備用。

2 / 豌豆苗清洗過後瀝乾水分,跟黃、紅甜椒及醬料一起拌勻。

Didi 小祕方 >>>

怕小孩不愛太嗆的黃芥末味,
所以用美乃滋來調整味道,
也可以替換成芥末籽醬＋美乃滋。

配菜·05

汆燙青花菜

Didi 小祕方 >>>
也可用高湯代替水，
讓汆燙的蔬菜更有味。

材料

· 青花菜…180g
· 水…1500ml
· 鹽…1/2小匙
· 冰塊水…適量

作法

1 / 準備一盆冰塊水，將青花菜切成適當大小，用
　　削皮刀削去較老的外皮，洗淨備用。

2 / 煮一鍋滾水，放入鹽跟青菜花汆燙1～2分鐘。

3 / 撈起後，放入冰塊水中冰鎮瀝乾。

配菜·06

涼拌 胡麻青花菜

材料

· 汆燙後的青花菜…150g
· 胡麻醬…1大匙
· 醬油…1/2小匙
· 白醋…1/4小匙

作法

1 / 汆燙後的青花菜，冰鎮後瀝乾水分。

2 / 用自己常用的胡麻醬，以少許醬油跟白醋微調後拌成醬汁，
　　跟青花菜拌勻。

竹輪秋葵捲

材料

· 秋葵…8根
· 竹輪…4根 (每根約12Cm)

作法

1/ 用專門刷洗蔬菜的軟鋼刷,刷掉秋葵表面細毛,並切除蒂頭。

2/ 選擇體積較小的秋葵塞進竹輪裡;若秋葵太短,就從竹輪兩端各塞一條。

3/ 煮一鍋滾水,放入竹輪秋葵煮1～2分鐘即可。

4/ 將作法3瀝乾水分後,斜切露出秋葵可愛的星星紋理即完成。

 延伸運用

涼拌紫洋蔥秋葵

Didi 小祕方 >>>
市售沙拉醬若太酸太重,
味道可以用高湯再去調整。

材料

· 秋葵…6條
· 紫洋蔥絲…1/6顆
· 市售柚子沙拉醬…1小匙
· 高湯或水…1小匙

作法

1/ 用專門刷洗蔬菜的軟鋼刷,刷掉秋葵表面細毛,並切除蒂頭;紫洋蔥絲泡冰水,去辣備用。

2/ 煮一鍋滾水放入少許鹽,放入秋葵汆燙30秒。

3/ 撈出秋葵後瀝乾水分,切對半,加入紫洋蔥絲跟醬汁一起拌勻。

配菜
·08·

咖哩毛豆竹輪

材料

· 毛豆仁…150g
· 竹輪…2根（長約12cm）
· 咖哩粉…1/4小匙
· 黑胡椒…少許

· 水…2000ml
· 鹽…1小匙

作法

1 / 毛豆仁清洗後，煮一鍋滾水加入鹽，放入毛豆仁汆燙3分鐘，
中途撈掉浮渣跟脫落的薄膜。

2 / 撈起毛豆仁冰鎮，瀝乾備用。

3 / 竹輪切薄片，熱鍋後下一點油，先煎香竹輪；放入毛豆仁一起
拌炒，最後以咖哩粉、黑胡椒調味。

Didi 小祕方 >>>

一次將毛豆仁汆燙後冰鎮瀝乾，再分裝冷凍備用是很好用的備料。
用來加入炊飯或配菜中增色也很方便。

配菜·09

油漬番茄青江菜

 材料

· 青江菜…200g
· 油漬番茄…橄欖油含番茄1大匙
· 鹽…少許

作法

1 / 從油漬番茄罐中,取出適量的番茄跟1大匙橄欖油。

2 / 熱鍋後加入橄欖油和油漬番茄一起潤鍋。

3 / 作法2放入青江菜一起拌炒至熟,加入少許鹽調味,即完成。

Didi 小祕方 >>>

油漬番茄經過加熱後香味更濃郁,
帶有少許酸甜味讓平凡的菜色煥然一新。
可參考P.27。

 配菜·10

青江菜花

作法　　**材料**　· 青江菜…200g　· 蒜末…3瓣　· 鹽…少許

1 / 青江菜洗淨,蒂頭部位整個切下,去掉周圍較老化的菜梗,留下外型較完整的蒂頭當作花朵裝飾;將蒂頭放在流水下,仔細沖洗5分鐘。

2 / 熱鍋後加油潤鍋,放入蒜末爆香,放入蒂頭先稍微加熱,再放入菜梗一起拌炒至熟。

3 / 最後將作法2加入少許鹽調味,即完成。

配菜 · 11 ·

小魚青江菜

材料

· 青江菜…200g
· 吻仔魚…30g
· 蒜末…3瓣
· 鹽…少許

Didi 小祕方 >>>

吻仔魚酥可以一次多做一點，
剩餘的加入蒜末、蔥花、
辣椒拌炒後當飯友。

作法

1 / 吻仔魚用少許油半煎炸，煎至微焦狀，當成魚酥備用。

2 / 熱鍋後加油潤鍋，放入蒜末爆香。

3 / 作法2放入青江菜拌炒至熟，再加入少許鹽調味。

4 / 最後放上半煎炸的作法1吻仔魚酥，即完成。

芥藍菜花

 材料

· 芥藍菜花…200g
· 薑絲…10g

· 水或米酒…1大匙
· 鹽…少許

作法

1 / 芥藍菜花洗淨後,把葉子跟較粗的老梗分開。用削皮刀削去菜梗老皮,切成片狀或適當長度備用。

2 / 熱鍋後下油潤鍋,放入薑絲爆香,再加入芥藍菜花及水或米酒,拌炒至菜梗軟化,加少許鹽調味。

配菜
·13·

香料烤櫛瓜

材料

· 綠櫛瓜…1條
· 黃櫛瓜…1條
· 鹽…少許
· 香料或黑胡椒…少許

作法

1/ 櫛瓜洗乾淨擦乾後切片,在切面上撒點鹽,靜置5分鐘。

2/ 等作法1出水後,將櫛瓜表面水分擦去。

3/ 熱鍋後刷點油,直接把兩面煎香,起鍋前加點喜歡的香料或黑胡椒即可。

涼拌黃豆芽

Didi 小祕方 >>>

蓋上蓋子燜煮
可以減少豆腥味。

材料

· 黃豆芽…300g

調味料

· 鹽…少許
· 砂糖…2小匙
· 蒜泥…2小匙
· 韓國芝麻油…2小匙
· 醬油…1小匙
· 白胡椒…少許
· 韓國辣椒粉…1大匙

作法

1/ 黃豆芽去掉尾端鬚鬚,也挑掉老的、壞的
不用。

2/ 煮一鍋水,水滾後放入豆芽,蓋上蓋子。

3/ 豆芽汆燙3分鐘撈起,馬上放入冰塊水中
冰鎮。

4/ 瀝乾水分,加入調味料拌勻,冷藏保存三
天內吃完。

配菜
·15·

薑黃娃娃菜

材料

· 娃娃菜…1包(約250g)
· 鮮香菇…4朵
· 蒜末…3瓣

調味料

· 薑黃粉…1/4小匙
· 黑胡椒…少許
· 鹽…少許
· 水或高湯…50ml

作法

1 / 娃娃菜從中剖開成適當大小,清洗乾淨、瀝乾水分;將鮮香菇切片備用。

2 / 熱鍋後下油潤鍋,放入蒜末跟鮮香菇一起爆香,加入娃娃菜拌炒至有香氣。

3 / 加入調味料跟水,讓薑黃粉融化並入味,待稍微收乾湯汁即可。

配菜
·16·

咖哩白花椰

材料

· 白花椰…1朵（約300g）

調味料

· 蒜末…15g
· 橄欖油…10g
· 咖哩粉…1小匙
· 紅椒粉…1/4小匙
· 黑胡椒…少許

作法

1／ 白花椰去皮再削成適當大小，清洗後瀝乾水分。

2／ 加入蒜末、橄欖油、咖哩粉、黑胡椒、紅椒粉，混合均勻。

3／ 烤箱預熱200℃，把混合好調味料的白花椰，鋪平在烤盤上，進烤箱烤15分鐘。

Didi 小祕方 >>>
將所有材料放入袋中，
利用袋子搖晃可以讓白花椰
均勻地沾裹調味料。

胡麻菠菜

材料

· 菠菜…1把
· 市售胡麻醬…適量

作法

1 / 菠菜整把清洗乾淨,煮一鍋滾水,將菠菜放入汆燙30秒。

2 / 汆燙後的菠菜放入冰塊水中冰鎮,取出擠乾水分再切段。

3 / 將切段的燙菠菜淋上市售胡麻醬,即完成。

醋漬小黃瓜

材料

· 小黃瓜… 2條(約150g)
· 市售萬能醋…適量

· 淺漬罐(或密封袋+重石)

調味料

· 蒜末…2小匙
· 香油…1小匙
· 辣椒末…適量

作法

1/ 將小黃瓜洗淨擦乾,切段後用刀背拍裂,
放入淺漬罐中,加入萬能醋至稍微低於
小黃瓜的位置。

2/ 作法1以重石壓著,靜置1小時。

3/ 用重石壓著倒出水分後,加入調味料拌
勻,冷藏後更好吃。

Didi 小祕方 >>>
因為淺漬後還會出水,
所以萬能醋不需加到滿過食材。

配菜·19·

鹽漬小黃瓜

1/ 小黃瓜洗淨擦乾,切成薄片狀,放入淺漬罐中加入鹽稍微拌勻。

2/ 作法1以重石壓著,靜置1小時,等鹽漬小黃瓜出水。

3/ 將鹽漬小黃瓜擠乾水分,即完成。

材料

· 小黃瓜…2條(約150g)
· 鹽…4g
· 淺漬罐(或密封袋+重石)

Didi 小祕方 >>>

單純的鹽漬小黃瓜常常用來夾早餐肉蛋吐司,或是當簡單的配菜也很爽口;
冷藏兩天內是最美味的期限。

配菜
·20·

小松菜炒豆皮

材料

· 小松菜…150g
· 胡蘿蔔…1/3條
· 方形豆皮…3塊
· 蒜末…3瓣
· 鹽…少許

作法

1/ 小松菜洗淨後切段,分成菜梗跟菜葉兩部分;胡蘿蔔跟豆皮切絲,備用。

2/ 熱鍋後下油潤鍋,放入蒜末爆香。

3/ 作法2先放入菜梗部分拌炒,再加入胡蘿蔔絲、菜葉跟豆皮絲一起拌炒。

4/ 小松菜跟豆皮都不耐炒,加入鹽調味,快速起鍋即可。

油漬菇奶油白菜

材料

· 奶油白菜…250g
· 油漬菇…1大匙
· 蒜末…4瓣
· 鹽…少許

Didi 小祕方 >>>

奶油白菜的菜梗飽滿甜美，
因為太厚實，所以可以燜一下比較快熟。

作法

1/　熱鍋後從油漬菇罐中(參考P.31)取出適量的菇類，包括橄欖油下鍋，放入蒜末一起爆香。

2/　放入奶油白菜一起拌炒，加入2大匙的水，稍微燜煮2分鐘。

3/　最後將作法2加鹽調味，即完成。

配菜 ·22·

鹽麴 緞帶胡蘿蔔

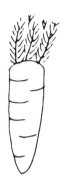

材料

· 胡蘿蔔…1根
· 油…10～15ml
· 鹽麴…2小匙
· 白芝麻粒…適量

作法

1 / 使用削皮刀將胡蘿蔔削成薄片狀。

2 / 熱鍋後倒入比平常炒菜多一點的油,放入胡蘿蔔拌炒至微軟。

3 / 將胡蘿蔔炒到喜歡的軟度後,加入鹽麴調味再拌炒一下,撒上白芝麻粒即完成。

Didi 小祕方 >>>

1 這樣的胡蘿蔔沒有草味,有時還有點地瓜甜味。
2 使用削皮刀是因為削成薄片容易軟化,嚼起來口感比較好。
3 胡蘿蔔的營養素,經過加熱及油的包覆才能被人體吸收,所以要多放一點油哦!

配菜·23·

青椒午餐肉

Didi 小祕方 >>>

午餐肉鹹度很高,
所以可以不需再加以調味了。

材料

· 青椒…2顆
· 午餐肉…1/3罐(約100g)
· 蒜末…2瓣

作法

1 / 取1/3罐午餐肉先切成片狀,再切成長條狀。

2 / 青椒去頭、去籽後清洗,切成和午餐肉一樣寬的長條狀。

3 / 熱鍋後下油潤鍋,放入蒜末爆香後,加入午餐肉條煎到微焦。

4 / 作法3加入青椒絲,快速拌炒即可。

配菜·24·

清炒彩椒

材料

· 紅椒…1顆　· 黃椒…1顆
· 蒜末…3瓣　· 鹽…少許

作法

1 / 彩椒去頭去籽後清洗,切成長條菱形。

2 / 熱鍋後下油潤鍋,放入蒜末爆香,放入
彩椒塊拌炒後加入鹽調味。

配菜
·25·

原味玉子燒

 材料

· 蛋⋯2顆
· 鹽麴⋯1/2小匙
　使用鹽代替只需少許
· 水⋯20ml

作法

1 / 將蛋液跟其它材料混合，攪拌均勻備用。

2 / 玉子燒鍋熱鍋後，均勻刷上適量油。倒入
　　第一次的蛋液，均勻鋪開後捲起。

3 / 把蛋液捲起，推移到前端，再刷一次油、
　　倒入第二層蛋液。重覆數次到蛋液用完。

4 / 成型後利用鍋鏟加壓，讓形狀更固定，取
　　出放涼後切片。

海苔玉子燒

材料 ・蛋…2顆 ・鹽麴…1/2小匙 ・水…20ml ・海苔片…數片

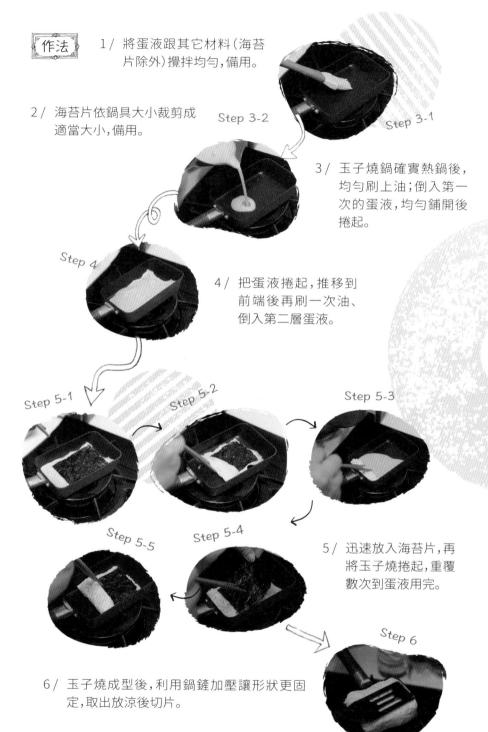

作法

1 / 將蛋液跟其它材料（海苔片除外）攪拌均勻，備用。

2 / 海苔片依鍋具大小裁剪成適當大小，備用。

Step 3-1

Step 3-2

3 / 玉子燒鍋確實熱鍋後，均勻刷上油；倒入第一次的蛋液，均勻鋪開後捲起。

Step 4

4 / 把蛋液捲起，推移到前端後再刷一次油、倒入第二層蛋液。

Step 5-1

Step 5-2

Step 5-3

Step 5-5

Step 5-4

5 / 迅速放入海苔片，再將玉子燒捲起，重覆數次到蛋液用完。

Step 6

6 / 玉子燒成型後，利用鍋鏟加壓讓形狀更固定，取出放涼後切片。

泡菜玉子燒

材料

- 蛋…2顆
- 鹽麴…1/4小匙
- 水…30ml
- 泡菜…30g

作法

1/ 蛋液裡加入鹽麴、水、切丁泡菜，一起拌勻。

2/ 玉子燒鍋熱鍋後，均勻刷上適量油。倒入第一次的蛋液，均勻鋪開後捲起。

3/ 把蛋液捲起，推移到前端，再刷一次油、倒入第二層蛋液。重覆數次到蛋液用完

4/ 成型後利用鍋鏟加壓，讓形狀更固定，取出稍微放涼後切片。

配菜·28· 沙拉醬菠菜番茄烘蛋

材料

- 蛋…3顆
- 沙拉醬…1大匙
- 鹽…少許
- 黑胡椒…少許
- 菠菜切段…適量
- 番茄…適量

- 使用15cm鑄鐵鍋

作法

1 / 打一顆蛋先跟沙拉醬拌勻,再打入剩下兩顆蛋,加少許鹽與黑胡椒調味,放入切碎的菠菜一起攪拌均勻。

2 / 燒熱15cm圓鑄鐵鍋、刷油,倒入作法1的菠菜蛋液。

3 / 鍋子底部跟周邊稍微凝固時,用筷子攪拌一下,讓上層蛋液可以跟稍微凝固的蛋液交換位置。看起來已經不太有流動的蛋液時,鋪上番茄片,撒一點黑胡椒。

4 / 預熱烤箱200℃,將鍋子移入烤箱,烤5～8分鐘將烘蛋表面烤熟上色。取出後稍微放涼,再切塊。

蔥花菜脯玉子燒

材料

· 蛋…2顆
· 醬油…1/2小匙
· 水…20ml

· 菜脯…15g
· 蔥…1根
· 糖…1/4小匙

作法

1 / 菜脯泡水十分鐘去掉多餘的鹹分,壓乾水分後切碎;備好蔥花。

2 / 蛋液加少許醬油、水、切末菜脯、蔥花及糖,一起拌勻。

3 / 玉子燒鍋熱鍋後刷上油,倒入第一層蛋液捲起後,重覆倒入蛋液。

4 / 將蛋液用完後完成玉子燒,稍微放涼後切塊。

5 / 成型後利用鍋鏟加壓,讓形狀更固定,取出放涼後切片。

Didi 小祕方 >>>

1 泡水時間可依菜脯的鹹度做調整。
2 每次倒入蛋液前,都再次攪拌,才能讓菜脯分布均勻。

配菜·30· 馬鈴薯餅烘蛋

材料

· 蛋…2顆
· 鹽…少許
· 水…20ml

· 捏碎的薯餅…1塊
· 培根丁…1條
· 綠花椰…3朵
· 起司絲…50g
· 黑胡椒…少許

作法

1／ 先把綠花椰切碎跟培根炒香,盛盤備用。

2／ 將捏碎的薯餅與蛋液、鹽、水混合均勻。

3／ 熱鍋後均勻刷上油,在章魚燒鍋內倒入少許蛋液,並用筷子攪拌一下,讓裡面的蛋液呈半熟狀態。

4／ 放入準備好的作法1,塞一點起司進去,再倒入剩下的蛋液,蓋上蓋子讓表面凝固,撒一點黑胡椒。

5／ 用竹籤輔助,從側邊慢慢取出。

Didi 小祕方 >>>

半圓形的章魚燒鍋造型可愛,
也可以用小鐵鍋或烤盅一次完成。
參照配菜P.159的作法完成。

161

配菜
·31·

鹽麴蛋鬆

材料

· 蛋…3顆
· 鹽麴…1小匙
· 牛奶…30ml

Didi 小祕方 >>>

使用不沾鍋要小心刮傷，
使用木筷比較安全。

作法

1 / 將蛋打入碗中，倒入牛奶、加入鹽麴，拌勻備用；不沾鍋加熱後，均勻抹上適量的油。

2 / 作法1的蛋液倒入鍋中，稍微搖晃鍋子，盡量讓蛋液可以鋪平。

3 / 準備兩雙以上的木筷同時使用，在鍋子周邊跟底部，稍有凝固的蛋液時，就開始用筷子把它攪開。

4 / 鍋子持續加熱、蛋液也持續凝固，這時不斷地持續攪拌就能形成蛋鬆。

配菜·32· 焗烤水煮蛋

材料

· 水煮蛋…3顆
· 美乃滋…少許
· 起司絲…30g
· 粗辣椒粉…少許
· 黑胡椒…少許

作法

1/ 將切片的水煮蛋鋪在烤盤上,每一片稍微重疊放上。

2/ 擠一點美乃滋、鋪上起司絲,撒一點黑胡椒及粗辣椒粉調味。

3/ 預熱烤箱,以180℃烤3〜5分鐘,將起司烤融化上色即可。

配菜·33· 水煮蛋

材料 ·雞蛋 ·水 ·冰塊

作法

1/ 從冰箱冷藏室取出雞蛋,直接放進鍋中,倒入能淹過雞蛋的水量,開中大火。

2/ 中途稍微攪動一下,蛋黃的位置會比較平均。

3/ 等水滾後改中小火,維持稍微沸騰的狀態,計時4〜6分鐘。

4/ 計時4分鐘取出蛋黃時,會稍有流動感;若煮6分鐘,蛋黃差不多已熟透。

5/ 把雞蛋撈起放到冰塊水裡,順便敲裂蛋殼,再泡一下冰水後剝殼。

配菜·34· 毛豆蛋沙拉

材料

· 水煮蛋…2顆
· 毛豆仁…50g
· 美乃滋…2大匙
· 鹽…少許
· 黑胡椒…少許

作法

1/ 準備好水煮蛋跟水煮毛豆仁。

2/ 用叉子將水煮蛋依喜好的口感壓碎，加入美乃滋、黑胡椒、鹽稍微拌勻。

3/ 加入水煮過的毛豆仁點綴，即完成。

醬香奶油玉米粒

配菜·35·

材料

· 罐裝玉米粒⋯200g
· 無鹽奶油⋯10g
· 醬油⋯少許
· 黑胡椒⋯少許
· 鹽⋯少許

作法

1／ 罐裝玉米粒瀝掉多餘水分。

2／ 熱鍋後放入奶油塊，融化後倒入玉米粒拌炒至收乾。

3／ 加一點醬油、鹽跟黑胡椒調味。醬油用量不多，增加醬香味即可。

延伸運用

高湯煮玉米

材料

· 甜玉米⋯2根
· 市售高湯包⋯1包
· 水⋯1500ml

作法

1／ 取一鍋冷水完全浸泡玉米，再放入高湯包。

2／ 以冷水煮滾，煮滾後計時10分鐘。

3／ 時間到取出玉米放涼，即可切成適當大小。

Didi 小祕方 >>>

玉米若有帶皮一起煮，
更能保留住甜分。

洋蔥荷包蛋

【材料】

· 洋蔥…1顆
· 蛋…2顆
· 黑胡椒…少許

【作法】

1/ 洋蔥切成圓圈狀,選擇大小適合的圓。

2/ 熱鍋後刷油,放上洋蔥圈、打入一顆蛋,用筷子輕輕將蛋黃移動到中間位置固定。

3/ 小火持續加熱,將蛋煎至喜歡的熟度,撒上一點喜歡的香料或黑胡椒即可。

配菜
·37·

甜椒荷包蛋

材料

· 甜椒…1顆
· 蛋…2顆
· 黑胡椒…少許

作法

1/ 甜椒切成圓圈狀,選擇大小適合的圓。

Step 2-2　　　　Step 2-1

2/ 熱鍋後刷油放上甜椒圈、打入1顆蛋。用筷子將蛋黃移動到中間的位置固定。

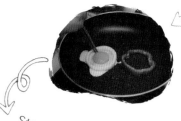

Step 2-3　　　Step 3

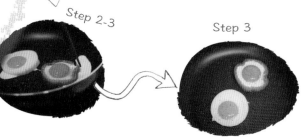

3/ 小火持續加熱將蛋煎至喜歡的熟度。

4/ 撒一點喜歡的香料或黑胡椒即可。

椒鹽玉米

材料

· 甜玉米…2根

調味料

· 醬油…1大匙
· 砂糖…1小匙
· 奶油…10g
· 蒜末…15g
· 蔥末…1根
· 白胡椒…少許

醬料

· 醬油…1大匙
· 砂糖…1小匙
· 奶油…10g

作法

1/ 整根甜玉米放內鍋中水煮20分鐘，撈起沖涼後，先切段再從中間切成適當大小。

2/ 熱鍋後不放油，玉米粒的部位朝下乾煎，至顏色微焦且玉米粒有點乾癟。

3/ 加入蒜末、蔥末、白胡椒粉及醬料，均勻沾裹上色。

洋蔥培根起司燒

材料

· 洋蔥…1顆
· 美乃滋…15g
· 培根…2條
· 起司絲…40g
· 黑胡椒…少許

作法

1 / 洋蔥頭尾切掉一小部分、去皮後,輪切成約1cm的圓片狀。

2 / 將洋蔥圓片排放在烤盤上,淋上少許美乃滋並放上培根碎片,鋪上起司絲後加一點黑胡椒。

3 / 預熱烤箱,以180°C烤15分鐘,烤至洋蔥軟化。

Didi 小祕方 >>>

不喜歡美乃滋的話,
也可以替換成橄欖油。

味噌蓮藕

材料

· 蓮藕…100g
· 白醋…1大匙
· 水…500ml
· 黑胡椒…適量
· 片栗粉…適量

醬料

· 味噌…1小匙
· 砂糖…1小匙
· 水…1大匙

作法

1/ 蓮藕洗掉泥土，去皮、切薄片泡醋水10分鐘，取出擦乾水分，兩面各沾一點片栗粉後用鍋子煎過。

2/ 兩面煎香後，倒入調和好的醬料，稍微拌炒沾裹即完成。

Didi 小祕方 >>>

不同的味噌會影響鹹度，可用水跟砂糖調整。

起司蓮藕

材料

· 蓮藕…100g
· 白醋…1大匙
· 水…500ml
· 海鹽…少許
· 起司絲…適量
· 黑胡椒…適量

作法

1/ 蓮藕洗掉泥土,去皮、切薄片泡醋水10分鐘,取出擦乾水分,用鍋子兩面煎過。

2/ 兩面煎香後撒點海鹽,排列整齊在烤盤上,放上起司絲、撒上一點黑胡椒。

3/ 烤箱預熱,230℃烤3～5分鐘,讓起司融化即可。

杏鮑菇僞干貝

材料

· 杏鮑菇…1大根
· 黑胡椒或喜歡的香料…適量

作法

1/ 杏鮑菇擦拭乾淨後,切成約3cm厚的圓輪狀,在切面上用刀劃出紋路。

2/ 熱鍋後不加油,直接放入杏鮑菇乾煎,至表面微縮並有點出水後翻面。

3/ 繼續把另一面煎到微焦,撒上喜歡的香料即可。

配菜 43 奶油香料馬鈴薯

材料

- 白玉馬鈴薯…4顆(約350g)
- 橄欖油…10g
- 室溫軟化奶油…10g
- 綜合義大利香料…1/2小匙
- 黑胡椒…少許
- 韓式辣椒粉…少許

Didi 小祕方 >>>

1 馬鈴薯不要切太小,以免缺乏口感又容易乾硬。
2 香料可使用新鮮香草或綜合義大利香料,
　也可以試試咖哩粉。

作法

1/ 白玉馬鈴薯表皮洗乾淨,去掉芽眼、切塊,泡水10分鐘去澱粉。

2/ 瀝乾放入冷水鍋,並在水裡加點鹽,開火煮滾後計時6分鐘。待可
　 輕易用竹籤穿透馬鈴薯,即可取出瀝乾水分。

3/ 將作法2放入大盆中,加入室溫軟化奶油、橄欖油、喜歡的香料、
　 黑胡椒、少許辣椒粉,將材料拌勻。

4/ 烤箱預熱200℃,將作法3排放在烤盤上,烘烤10～15分鐘,表面
　 呈金黃酥脆即可。

滷油豆腐香菇

材料

· 油豆腐…1盒
· 滷蛋…適量
· 火腿片…適量
· 鮮香菇…6朵
· 老滷汁

作法

1/ 油豆腐用滾水快速汆燙,去掉表面炸油及油味。

2/ 選大小適中的鮮香菇,表面刻花後稍微擦拭乾淨。

3/ 將剩餘的家常滷肉或紹興滷肉燥的湯汁撈乾淨肉渣後,試試味道,補一些醬油或水,放入油豆腐、滷蛋、火腿片跟鮮香菇,在滷汁中燉煮10分鐘。

Didi 小祕方 >>>

滷汁滷過油豆腐後,會較容易酸敗不易保存再利用,
所以用剩餘的滷汁來做這道小菜完全不浪費。
也可以加入各種喜愛的食材做成滷味拼盤。

滷鵪鶉鳥蛋

材料

· 鵪鶉鳥蛋… 2袋（約24顆）
· 老滷汁

Didi 小祕方 >>>

若要隔餐用，也可在滷汁煮滾後熄火，
讓水煮鵪鶉鳥蛋直接浸泡入味即可。

作法

1 / 市售水煮鵪鶉鳥蛋拆開包裝，過水清洗，瀝乾水分，備用。

2 / 將剩餘的家常滷肉或紹興滷肉燥的湯汁撈乾淨肉渣後，
   當成老滷汁，試試味道，補一些醬油或水。

3 / 在作法2放入水煮鵪鶉鳥蛋，在滷汁中燉煮10分鐘。

配菜
·46·

海苔奶油馬鈴薯

材料

· 白玉馬鈴薯…4顆（約350g）
· 橄欖油…10g
· 室溫軟化奶油…10g
· 海苔粉…1/2小匙
· 黑胡椒…少許

Didi 小祕方 >>>

使用一般馬鈴薯，
可用軟刷刷淨表皮，
或直接去皮。

作法

1 / 白玉馬鈴薯表皮洗乾淨，去掉芽眼、切塊，泡水10分鐘去澱粉。

2 / 作法1瀝乾放入冷水鍋，並在水裡加點鹽，開火煮滾後計時6分鐘。待可輕易用竹籤穿透馬鈴薯，即可取出瀝乾水分。

3 / 將作法2放入大盆中，加入室溫軟化奶油、橄欖油、海苔粉、黑胡椒，將材料拌勻。

4 / 烤箱預熱200℃，將作法3排放在烤盤上，烘烤10～15分鐘，表面呈金黃酥脆即可。

馬鈴薯通心粉沙拉

材料

- 馬鈴薯泥
- 馬鈴薯…2顆(約450g)
- 鹽…1小匙
- 水…足夠淹過馬鈴薯即可

調味料

- 無鹽奶油…40g
- 美乃滋…15g
- 鹽、黑胡椒…少許
- 牛奶…適量

- 熟通心粉…100g
- 小黃瓜…半根
- 午餐肉…1/4罐
- 美乃滋…10g

作法

1 / 馬鈴薯去皮切塊放入冷水鍋中,加入1小匙鹽,開火煮至竹籤可輕鬆穿過。

2 / 用叉子或搗泥器將作法1壓碎成泥,喜歡口感則可保留一點顆粒狀的薯塊。

3 / 趁熱加入無鹽奶油塊跟其它調味料,拌勻後加入牛奶調整柔軟度。

4 / 小黃瓜切片、將午餐肉切條狀煎過,備用。

5 / 取適量馬鈴薯泥、煮熟的通心粉跟作法4拌勻,以美乃滋拌勻成沙拉狀。

青花菜筆管麵沙拉

材料

- 熟筆管麵…150g
- 青花菜…1/3顆
- 午餐肉…1/4罐
- 罐頭玉米粒…30g
- 甜椒…半顆

調味料

- 美乃滋…3大匙
- 黑胡椒…少許
- 鹽…少許

作法

1 / 筆管麵煮熟瀝乾水分,拌一點橄欖油(分量外)防沾黏;青花菜汆燙瀝乾、甜椒切丁、午餐肉切成長條狀煎過,備用。

2 / 將筆管麵跟其它材料混合後,加入調味料拌勻即可。

櫛瓜水管麵沙拉

材料

- 熟水管麵…200g
- 香料烤櫛瓜 (P.145)
- 甜椒…半顆
- 橄欖油…2大匙
- 黑胡椒…少許
- 鹽…少許

作法

1 / 水管麵煮熟瀝乾水分,拌入一點橄欖油(分量外)防沾黏;香料櫛瓜、甜椒切丁備用。

2 / 將所有材料混合後,加入橄欖油、黑胡椒、鹽拌勻。

配菜·49· 奶油蘑菇炒蝦仁

材料

· 蘑菇…100g
· 蝦仁…100g
· 蒜末…5瓣
· 奶油…5g

調味料

· 鹽…少許
· 黑胡椒…少許
· 蔥花…適量

Didi 小祕方 >>>

乾煎過的菇類更加美味,
大量蒜末加上奶油是香氣的來源。
雖然大部分人工培植的菇類,
只需刷掉碎屑或用濕布擦乾淨即可,
但蘑菇採收後沾黏的碎屑比較多,
如果要採水洗的方式,
記得快速沖水洗淨後擦乾水分,
立即料理。

作法

1/　蘑菇去掉較老的蒂頭部分後,對切備用。

2/　熱鍋後不加油先乾煎蘑菇,等蘑菇稍微出水,拌炒至水分收乾,
　　盛起備用。

3/　原鍋下一點油爆香蒜末,炒香蝦仁後再倒入炒好的蘑菇一起拌
　　炒,最後放入奶油塊融化,加入調味料一起拌勻。

 配菜·50· 栗子飯

材料

· 米…2杯
· 去殼栗子…150g

調味料

· 醬油…1大匙
· 清酒…1大匙
· 味醂…1大匙
· 鹽…1/2小匙
· 水或高湯…適量

作法

1／ 洗好米瀝乾水分,放入炊飯鍋中。

2／ 用量杯先放入調味料,再用水或高湯補滿2又1/4杯的分量,倒入鍋中。

3／ 鋪上蒸熟的栗子,蓋上炊飯鍋內、外蓋,以中大火煮至冒出蒸氣後,轉小火計時10分鐘,熄火。

4／ 將作法3燜15分鐘,打開內、外蓋,拌勻即可。

Didi 小祕方 >>>

生栗子不易煮熟,可以切成小塊放入;
或是先把整顆去殼栗子蒸熟,再放入炊飯鍋中料理。
栗子煮熟後容易變黑是正常的。

Didi 小祕方 >>>

燕米是燕麥去殼所以不用再浸泡，
代替白飯食用營養價值與燕麥差不多，
容易有飽足感、熱量及升醣也較低。
有牛奶的香味很受小朋友歡迎，單獨煮來替代白飯，
或用自己喜歡的比例跟白米搭配都很不錯。
我試過最喜歡的比例，還是白米2、燕米1。

 延伸運用

燕米飯

材料

・白米…2杯 ・燕米…1杯
・水…3又1/4杯（水量可以視各人喜好跟烹煮工具調整）

延伸運用

十穀飯

材料

・白米…1又1/2杯

・十穀米…1/2杯

・水…2杯

Didi 小祕方 >>>

十穀米也是另一個好選擇。
因為含有紫米跟黑米，
飯的顏色也會染上淡淡的紫，特別漂亮。
依照孩子能接受的比例，偶爾可跟白飯交替食用。

簡約新食力—KAKOMI
生活好食光

KINTO

以時尚簡約的外型，結合日式質樸溫潤的手感，
全新一代的改良式土鍋KAKOMI，能夠保留食
物的原味，燉、煮、蒸、烤都能完美勝任，一年
四季皆能靈活運用，暖冬時節拉近彼此之間的距
離，在時令的蔬食間尋找料理新樂趣！

KAKOMI土鍋可適用於各式電熱爐、電陶爐、瓦斯爐、IH爐、微波爐、烤箱使用

KAKOMI土鍋2.5L/1.2L

KAKOMI炊飯鍋1.2L

WHERE TO BUY

誠品信義店 2F (02) 2722-6171 / 誠品生活松菸店 2F (02) 6639-9948 / nest：ro 誠品敦南概念店 GF (02) 2771-4913 /
統一時代百貨 5F (02) 8789-1869 / 新光三越信義A9館 4F (02) 2729-3886 / 新竹SOGO巨城店 6F (03) 533-4713 /
新光三越台中店 7F (04) 2251-7426 / 高雄漢神巨蛋購物廣場 B1F (07) 550-3698 / nest x GREENGATE台南西門店 B1F (06) 303-1183

 nest 巢·家居　www.nestcollection.tw　nest 巢·家居 🔍

日本大銷售 **40萬** 主婦都說讚
0.2秒燈管 日本獨家專利技術

全世界的第一個安裝 "遠紅石墨"的技術

"遠紅石墨"只需0.2秒即可升溫並增加內部溫度。 通過短時間和高溫一次烘烤,產生外表酥脆並保留住內部水分的軟嫩口感,可以烤年糕等食物。

在烤盤裡,烹飪寬度是無限的

如果您使用附帶的烤盤,您還可以烹飪達到最高溫度330℃的烤箱。 不僅僅是烤麵包還有,實現「燒」「烤」「蒸」「溫熱」,等根據想法實現豐富多彩的烹調。

Energy系列
自然健康的烹調體驗
德國 BEKA 黑鑽陶瓷健康鍋

採用BEKA貝卡最新陶瓷塗層（貝卡耐Bekadur Dualforce），比傳統不沾塗層效果更好，硬度加強，更加耐磨。
多款鍋型設計，提供您完美烹調出炙烤、乾煎肉類與魚類料理。

獨家專利塗層	絕佳熱傳導性	人體工學設計手把	健康無毒又環保
不沾效果佳 添加陶瓷更加耐磨	擁有絕佳導熱效果 料理省時又節能	涼感電木材質 好握、好拿、不燙手	採用對友善環保製程 減少50%二氧化碳排放

Energy 黑鑽陶瓷健康鍋

單柄平底鍋 24cm / 28cm

單柄附耳平底鍋 32cm

單柄附耳炒鍋30cm

方形煎烤鍋 28 X 28cm

煎魚鍋 34 X 23cm

 瓦斯爐　 電爐
 陶瓷爐面　 電磁爐

**適用電磁爐及
各種烹調熱源**

請洽皇冠金屬形象店及全國百貨公司BEKA貝卡直營專櫃/連鎖通路

 BEKA 貝卡台灣區總代理
皇冠金屬工業股份有限公司

地址：104 台北市中山區復興南路一段 2 號 8F 之 1
消費者服務專線：0800-251-030

德國BEKA貝卡
台灣官網

德國BEKA貝卡
FB官方粉絲團

手機掃描 QR Code

手機掃描 QR Code

MEAT LOVERS

THOMAS MEAT

BEST CHOICE

FRESH

FARM TO TABLE

臺北
米其林指南
首選肉品
合作夥伴

Thomas®
MEAT since1952
湯瑪仕肉舖

憑此券

$100

詳細使用方式請來電 (02)2932-3807 #268 詢問
本券不得與其他優惠合併使用

消費滿 $1000 即可折抵 $100
有效日期至 2019 / 10 / 31

抗 大腸桿菌、金黃色葡萄球菌、肺炎鏈球

SGS TAIWAN LTD
SGS
TAIWAN

抗菌.防霉.耐蝕

MINE+ 唐榮抗菌不銹鋼

抗菌綠生活

耐刷洗

刷洗 "2萬次"

抗菌力仍高達99.95%

訂購電話：07-269-5511
展示中心：高雄市苓雅區中華四路53號7樓
營業時間：週一～週五AM 8：30～PM 5：00
購物官網：http://www.mineminete.com

博客來購物連結

 唐榮鐵工廠股份有限公
TANG ENG IRON WORKS CO.,

大加燕米 ^R

提升專注力 增加續航力

加拿大冷藏進口 ✓   富含蛋白質、礦物質 ✓

天然 β-葡聚醣來源 ✓   獨家脱殼技術 易煮快熟 ✓

元氣滿滿肉便當

冷熱吃都美味！36款營養飯盒×50道不復熱配菜

作　　者 | 抽屜積水 DIDI
攝　　影 | 王正毅、抽屜積水
發 行 人 | 林隆奮 Frank Lin
社　　長 | 蘇國林 Green Su

出版團隊
總 編 輯 | 葉怡慧 Carol Yeh
企劃編輯 | 楊玲宜 Erin Yang
責任行銷 | 鍾佳吟 Ashley Chung
封面裝幀 | 高鶴倫 Crane Kao
版面設計 | 高鶴倫 Crane Kao

行銷統籌
業務處長 | 吳宗庭 Tim Wu
業務主任 | 蘇倍生 Benson Su
業務專員 | 鍾依娟 Irina Chung
業務秘書 | 陳曉琪 Angel Chen、莊皓雯 Gia Chuang
行銷主任 | 朱韻淑 Vina Ju

發行公司 | 精誠資訊股份有限公司 悅知文化
　　　　　105台北市松山區復興北路99號12樓
專　　線 | （02）2719-8811
傳　　真 | （02）2719-7980
悅知網址 | http : //www.delightpress.com.tw
客服信箱 | cs@delightpress.com.tw
初版一刷 | 2019年8月
初版二刷 | 2019年8月
建議售價 | 新台幣380元

國家圖書館出版品預行編目資料

元氣滿滿肉便當：冷熱吃都美味！36款營養飯
盒×50道不復熱配菜 / 抽屜積水DIDI著. -- 初
版. -- 臺北市：精誠資訊，2019.08
　　面；　公分
ISBN 978-986-510-017-9（平裝）

1.食譜
427.1　　　　　　　　　　　　108011554

建議分類 | 食譜

著作權聲明

本書之封面、內文、編排等著作權或其他智慧財產
權均歸精誠資訊股份有限公司所有或授權精誠資訊
股分有限公司為合法之權利使用人，未經書面授權
同意，不得以任何形式轉載、複製、引用於任何平
面或電子網路。

書中所引用之商標及產品名稱分屬於其原合法註冊
公司所有，使用者未取得書面許可，不得以任何形
式予以變更、重製、出版、轉載、散佈或傳播，違
者依法追究責任。

版權所有　翻印必究

本書若有缺頁、破損或裝訂錯誤，請寄回更換
Printed in Taiwan

讀者回函　　　《元氣滿滿肉便當》

感謝您購買本書。為提供更好的服務，請撥冗回答下列問題，以做為我們日後改善的依據。
請將回函寄回台北市復興北路99號12樓（免貼郵票），悅知文化感謝您的支持與愛護！

姓名：＿＿＿＿＿＿＿＿＿＿　性別：□男　□女　年齡：＿＿＿＿歲

聯絡電話：(日) ＿＿＿＿＿＿＿＿　(夜) ＿＿＿＿＿＿＿＿＿＿＿

Email：＿＿＿＿＿＿＿＿＿＿＿＿＿＿＿＿＿＿＿＿＿＿＿＿＿

通訊地址：□□□-□□ ＿＿＿＿＿＿＿＿＿＿＿＿＿＿＿＿＿＿

學歷：□國中以下 □高中 □專科 □大學 □研究所 □研究所以上

職稱：□學生 □家管 □自由工作者 □一般職員 □中高階主管 □經營者 □其他＿＿＿＿

平均每月購買幾本書：□4本以下 □4~10本 □10本~20本 □20本以上

- 您喜歡的閱讀類別？（可複選）

  □文學小說 □心靈勵志 □行銷商管 □藝術設計 □生活風格 □旅遊 □食譜 □其他

- 請問您如何獲得閱讀資訊？（可複選）

  □悅知官網、社群、電子報 □書店文宣 □他人介紹 □團購管道

  媒體：□網路 □報紙 □雜誌 □廣播 □電視 □其他＿＿＿＿＿＿＿＿＿＿＿

- 請問您在何處購買本書？

  實體書店：□誠品 □金石堂 □紀伊國屋 □其他＿＿＿＿＿＿＿＿＿＿

  網路書店：□博客來 □金石堂 □誠品 □PCHome □讀冊 □其他＿＿＿＿＿＿＿＿

- 購買本書的主要原因是？（單選）

  □工作或生活所需 □主題吸引 □親友推薦 □書封精美 □喜歡悅知 □喜歡作者 □行銷活動

  □有折扣＿＿＿＿折 □媒體推薦＿＿＿＿＿＿＿＿＿＿＿＿＿＿＿＿

- 您覺得本書的品質及內容如何？

  內容：□很好 □普通 □待加強 原因：＿＿＿＿＿＿＿＿＿＿＿＿＿＿＿

  印刷：□很好 □普通 □待加強 原因：＿＿＿＿＿＿＿＿＿＿＿＿＿＿＿

  價格：□偏高 □普通 □偏低 原因：＿＿＿＿＿＿＿＿＿＿＿＿＿＿＿

- 請問您認識悅知文化嗎？（可複選）

  □第一次接觸 □購買過悅知其他書籍 □已加入悅知網站會員www.delightpress.com.tw □有訂閱悅知電子報

- 請問您是否瀏覽過悅知文化網站？　□是　□否

- 您願意收到我們發送的電子報，以得到更多書訊及優惠嗎？　□願意　□不願意

- 請問您對本書的綜合建議：＿＿＿＿＿＿＿＿＿＿＿＿＿＿＿＿＿＿＿

- 希望我們出版什麼類型的書：＿＿＿＿＿＿＿＿＿＿＿＿＿＿＿＿＿＿

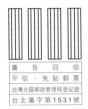

廣　告　回　信
平信、免貼郵票
台灣北區郵政管理局登記證
台北廣字第1531號

SYSTEX｜dp 悦知文化
making it happen 精誠資訊　Delight Press

精誠公司悦知文化　收

105 台北市復興北路**99**號**12**樓

（ 請沿此虛線對折寄回 ）

元氣滿滿肉便當

2019/10/14（一）前（以郵戳為憑）
將本書書末回函寄回悦知文化，
即可參加抽獎，將有機會獲得

【各1名】

KAKOMI 炊飯鍋/黑

日本Sengoku Aladdin
千石阿拉丁「專利0.2秒瞬熱」
4枚燒復古多用途烤箱/粉紅色

2019/10/28（一）將於悦知文化facebook
（https://www.facebook.com/delightpressfan/）公布得獎名單

│注意事項│

1. 活動獎項寄送地區僅限台灣本島。
2. 回函資訊請使用正楷字體正確填寫，不得冒用或盜用他人身份，如有不實或不正確之情事，
　 將被取消活動資格。影印無效。
3. 悦知文化保有活動變更與參加者資格審核權，於任何時間，可針對參加者之資格進行確認，
　 以確認參加者符合本條款之得獎資格，資料填寫時，若有疏失主辦單位將視情況斟酌處理，
　 資格不符者將強制放棄此活動參加權。
4. 回函獎項符合資格者，將於得獎名單公布後2週內，由悦知文化專人聯繫獎項提供事宜。
5. 如有活動相關問題，歡迎來電洽詢：悦知文化鍾小姐／電話（02）2719-8811#818。

dp 悦知文化
Delight Press